此景·此情·此境

SCENE AFFECTION REALM ARCHITECTURAL THINKING & PRACTICE

建 筑 创 作 思 考 与 实 践　　张祺　著 ZHANG QI

中国建筑工业出版社

序一

　　几年前，北京大学基建处邀请我和几位前辈院士去北大开个咨询会。主题是讨论生命科学实验楼的方案。该项目选地在北大东门图书馆的轴线北侧，与几座老教学楼毗邻。方案是经过竞赛选出来入围的两个。记得一个是比较现代的有玻璃幕墙的，一个是比较传统的有大屋顶的。如果从功能来说，现代生命科学研究建筑应该是现代的，但与环境协调上有挑战性；如果从环境来看，有大屋顶的更容易协调，但又无法反映其内在功能所代表的时代科技进步。于是校方希望专家给把把关，并告诉我们在校内公示中，大部分老师和学生都支持做传统风格的。甚至还提出如果那个有屋顶的方案立面调整不好，宁可复制一个老北大的样子。听了这种情况的介绍，我触动很大，在北大这个素以学术创新和思想开放的中国顶级学府中，对建筑文化的认识却偏于保守，这不能不说明我们这一代建筑师的无奈。的确，今天北大人引以自豪的还是建校初期美国建筑师设计的那些中西合璧的老房子，而之后的建筑或因经济困难时期，或因陋就简，或因用地紧张，见缝插针不得章法，尤其是二十世纪九十年代设计的理科楼群，在当年评价颇高，在建筑界都很有影响，但这些年陆续建成后却令人比较失望，造型和尺度还欠推敲，细部比较粗糙，环境也没有实现当年的园林格局，如今已经在被拆改之中。于是我在讨论中感叹，中国建筑文化的传承和创新之路还没有走出来，还无法得到社会各界的认可，这是我们的悲哀，更是我们的责任。记得当时北大的方拥老师也很有同感，甚至为此后来还写了文章引用了我的看法。其实岂止在北大，清华红区和白区，武大的山上和山下，许多老校园都有今不如昔，一代不如一代的议论，这真成了一种时代的困惑和一种自我的否定，真应该引起我们的反思。

然而，就在这片为一个小楼而争论不休的北大校园里，我的同事张祺总建筑师竟然在此默默耕耘了二十余年，先后完成了六个片区的建筑和环境设计，在北大校园留下了浓墨重彩，做出了重要的贡献，实在不容易！

令人敬佩之余也有些好奇，张总何以能把好北大校园的脉？何以能得到北大人的如此认可呢？前不久，张总请我为他的新书作序，刚好是细读他的作品的好机会。张总在其中一篇文章中提到北大冯友兰老先生的说法：研究学问，要追求"接着讲"，而不只限于"照着讲"。

接着讲！张总找到了在北大做设计的诀窍！他的北大百年纪念讲堂在著名的三角地，柿子林旁边接着讲；他的南门教学楼组团在筒子楼的基础上接着讲；他的北大人文学苑在镜春园里接着讲。他因地制宜，每一处接的脉不同，接环境，接格局，接形态，每一处讲的内容亦不同，讲历史，讲生活，讲和谐。他的建筑与北大校园接在了一起，也讲出了北大校园新的风貌，新的活力。这就是张总在北大扎下根的神秘所在。

接着讲！张总的传承意识也在从中央到地方的各种项目中得到印证。他设计的政府和央企建筑稳重而不失亲和力，他设计的文化建筑宏大而不失细腻，他设计的教育建筑端庄中不失书卷气，都是在具体的场所中接续布局，讲出新篇。

崔愷

2017 年 3 月 26 日

序二

《此景·此情·此境》是一部什么样的书？

——它是一部让你知道什么是"建筑"的书。

"建筑"只是"房屋"？"建筑"仅仅是砖瓦和木材的搭接？否！"一个好的建筑是依附于其具体的建造环境的"，"一个好的建筑是充满情感和令人愉悦的"，"一个好的建筑是具有感染力和吸引力的"，"一个好的建筑是具有创造性的"，"一个好的建筑是有意境和精神追求的"。

——它是一部让你了解什么是"建筑师"的书。

"建筑师"只是仅仅和图板与图纸打交道的工匠吗？否！

"建筑师"从众多"跨界"业主的要求，到纷繁的"穿越"时空的需求，绝不能只在图板和图纸上实现的。

——它是一部让你懂得什么是"建筑文化"的书。仅仅是"文化建筑"才有"建筑文化"吗？否！

北京大学的文化建筑如"百年讲堂"，设计和营造它必须先懂得北京大学的文化。

广西桂北融水的干阑木楼寨，设计和营造它必须先读懂苗寨聚落和"干阑"文化。

——"尽信书不如无书"。

关键不是书本上的叙说和结论；

关键是引导你入门，是让你能再探索、再领悟，是让你用心去领悟：

——从"景象万千"到"融景生情"；

——从"情景交融"到"心悟环境"。

结论还是："此景·此情·此境"。

单德启

2017 年 4 月 2 日

目 录

前　言

建筑设计是一项实践性的工作。设计好的建筑，是每一个建筑师职业追求的目标。什么是一个好的建筑？什么样的建筑能记录彼时的自然、文化、社会，能反映特定的时间、地点、环境，能记录使用者的生活和设计者的思想？什么样的建筑能有其自然的遗存和自身的影响力？等等问题，都是建筑师需要时间去思考的。

一个好的建筑是依附于其具体的建造环境的。多重的地域特征及条件的限定，使其具有了特定的气质与特色。一个好的建筑正是在积极感应外界环境的同时，吸纳人们生活的痕迹而显现出特定的丰富性，在与环境的相互交融中，呈现并见证着彼时生活的真实品质。

一个好的建筑是充满情感和令人愉悦的。尽管观赏者不一定会从同一个层面或同一个角度去欣赏或品评，或者这栋建筑不一定是地方上最耀眼的个体，但是不能表达情感的建筑不能称之为一个好的作品。人们正是在与建筑环境的情感交流中，寻找到能够给我们慰藉的空间环境。

一个好的建筑是具有感染力和吸引力的。建筑的感染力反映了人们对情感世界和理性世界的认知能力。一栋建筑如果首先能在情感上"满足"它的设计师，那么它的使用者、观赏者将同样能分享到这种体验。建筑师持续设计与协调建造的过程，恰恰是为建筑注入灵魂的开始。

一个好的建筑是具有创造性的。真正的创造性一定是具有原创精神的，历史上优秀的设计作品被推崇备至的最重要因素之一就是其具有的原创性。

这种创造性完全不需要貌似惊人，只有新奇不一定产生独创性。创造性蕴育于艺术与技术的发展与成就之中。

一个好的建筑是有意境和精神追求的。尽管这一"境化"的过程不一定是每一个建筑都能达到的结果，但是建筑师在设计中恰如其分地调动自然、社会、环境等各方面设计要素的思考过程与真诚的艺术表现，是每个建筑设计人的职业实践和精神追求的价值所在。

当一个建筑真正地服务于使用者、服务于社会之后，就会在静默中随着时间的推移而继续自然地生长，并在历史的比较中将其意义真正地留给世界。

在这本小书里，断断续续的文字和建筑案例会对我的上述观点有一定的例证。我有意识地选择了一些在同一地区持续的建筑设计及不同地域环境下类型相近的设计案例，选择建筑竣工及使用多年后的照片，更多的是想表达我个人对设计的一种情感。我并不认为我设计的建筑就是好建筑的典型范例；同样的局限性，使我选择的个人案例对具体问题也不一定最具有说服力。但是设计作品与文字出于同一建筑师之笔的好处，便是能够体现设计师初始的思考与最为真诚的感受，展示建筑形式背后建筑生长的过程。我想这正是书名所表达的涵义和我整理此书的最重要目的之一。

书中的文字是我这些年不断深入设计的记录，前后持续了三年多的时间，这期间又竣工了新的项目，让我有更多机会去观摩更多的建筑，观赏更多的景色。建筑是可以留存的实体，在欣赏它们的同时，记录其间成长中的思考，对建筑创作大有益处，这也是编写本书的另外一个重要目的。

我的许多朋友和同事、学生伴随我完成了这几年的写作，希望最后的成果能让读者觉得物有所值。成书过程中的讨论及形成的新的目标、前景和任务，同样会成为我个人下一阶段更为重要的思考动力与目的。

此景・此情・此境

"一片自然的风景是一个心灵的境界。" **❶**

　　大自然为我们的生活提供了丰富的景致。同样，建筑物在为我们提供多样环境的同时，在环境中也成为愈来愈重要的角色，成为人类赖以生存和精神向往的重要场所。随着社会的进步、经济的发展，建筑已然延伸到其赖以产生的社会和经济条件之中，以及与人的关系乃至社会的生产关系之中，成为连接社会发展过程中的一部分。

　　建筑不仅与建造基地具体的景致有关，也与社会、人文、技术等物质条件，使用者需求以及设计者的投入发生着密切而多样的关系，而且还同其建造的具体时间有着重要的联系。每座建筑物都是在一个具体的时间中建造起来，在一个特定的场所，为一个特定的社会，实现着一种特定的功能。

　　建筑反映着"此"时人类的生存条件，是记录人类对"此"时的现实思考与满足生活服务需求的诚实表现。建筑的任务不仅是协助人们体验自身存在于"此"时的美好感受，同时也揭示出其内在的精神与目的。因此，关注具体时间下的建筑的状态和产生的方式，对今天的建筑设计创作有非常大的价值。梁思成先生说："我们对某一个时代的作风的注意不单是注意它的材料结构和外表形体的结合，而且是同时通过它见到当时彼地的生活情形，劳动技巧和经济实力思想内容的结合，欣赏它们在渗合上的成功或看出它们矛盾所产生的现象。"

❶ 语出瑞士思想家阿米尔（Amel），引自：宗白华.中国艺术意境之诞生 // 艺境 [M]. 北京：北京大学出版社，1987.

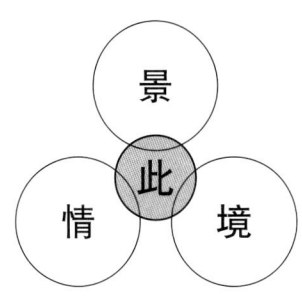

　　每个人对一栋建筑所表现出的形式与内容随着时间的变化或许有不同的理解，但是建筑物的内在精神则不受其大小与重要程度的影响，而是在事物不断演进的过程中作为一种"此"时特定的社会价值留存下来。我们可以从"此"时的特定元素的历史真实性中去重新发现过去的设计，像过去那样了解过去，从对现在和过去思考中去把握未来。彼时的知识可以为我们今天所面临的多样性问题提供有效解决方法的基本依据。

　　我乐于观察建筑背后的事物，观察它所依存的具体环境，观察它的设计师的初始想法和投入设计的精力，观察一个建筑随岁月所积累的痕迹，随时光所留下的印迹。我所感兴趣的不仅是建筑师们的建筑成就，还包括这种建筑成就是同什么东西结合在一起的。观察一栋建筑，我们能够感受到作者创作时的心情，感受到作者的思考、判断与激起情感的状态，可以发现一个设计师或者说一个设计者彼时的精神生活与艺术思想。

　　建筑与我们的生活息息相关，是不得不看的艺术。因为在现实生活中，建筑物几乎是"扑面而来，无处不在"。尽管对建筑形式的感官评价或许与审视者的教育程度、经济水平、背景及当时的心绪有关，但是在表面的建筑形式背后，一定还存在着其真实的价值。建筑的目的不仅是创造形式和塑造空间，而且是运用这些手段改变着每个人每日每时的生活进程，影响着每个人每分每秒的生活质量。

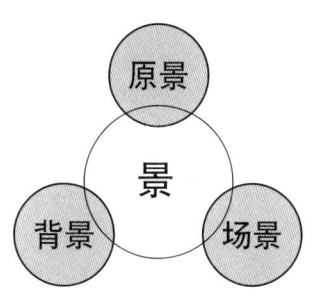

真正风雅的事物是让你记住它，而不仅仅是"注意它"。我相信能让人记住的建筑除了其风格外，它一定是反映出当时的生活情景、工艺水平和社会经济等状况，记录着设计者的热情，让人感到愉悦、满意和美，而呈现出现实魅力的建筑。一个成功的建筑的生成有着其内在的规律，其必先有景，再予情，而生境。对"此"时景物赋予情感的艺术加工，情景再造的逐步升华，达到一种精神境界的创作过程应该是建筑师情感与心境最好表达的开始。

景

人类日常的生活离不开环境。自然、社会与人文环境，居住与工作环境，乃至影响人们心理感受的各种微环境，共同构成了我们日复一日的生活环境。我们每日每时都在观赏、享用和抵御着周边的环境。环境所带来的原景、背景、场景等诸多景象，为建筑的设计提供了最初的信息和最基本的条件。

设计建筑首先要面对不同建造场地的"原景"。建造地的景色，原始的地质、地理、气候、材料等丰富了我们所处的环境。建筑既要与当地气候条件和材料相适应，同时也要与人类的外在感受和内在情感相适应。正是在彼此的限制与变化中，才形成了纷繁绮丽的物质环境。环境是我们存在的一部分，是不能分离的。

平原 、山川、梯田、高原、海洋、沙漠

风景是自然界中重要的原景特征之一，平原 、山川、梯田、高原、海洋、沙漠等山水地貌特征形成了美丽的风景。建筑物不仅要与环境协调，而且也成为风景中的主要角色而纳入景色之中。欧洲绘画史上对"美如画"的追寻及中国园林山水追求意境之美的原则，无不将建筑与景色融为一体。所谓"山水相融"、"上善若水"、"道法自然"，等等，反映着人类尊重自然与追求和谐的基本观念。

建造地的气候与动植物群落特征也提供着重要的原景信息，形成了丰富多样的生态环境。温带、热带、寒带等地区不同的气候特征，为人类带来了不同的居住及生活方式，并演绎形成了与之相适应的多种不同的建筑形式与功能，呈现出鲜明的建筑个性。动植物的构造和演化所形成的无尽之形的天然信息为建筑创作带来了多方面的启示，植物的四季变化、雨水的浇灌及阳光的照射都为大自然带来了色彩与生机。自然界传递给不同承载物的是一种具有活力和持续的经验，孕育着一种和谐进化的发展与过程。

研究生期间，我曾在福州辖属的八县调研民居。在福清县（现福清市）、闽侯县的深山里，发现了数座多进院落的民宅，精细的石雕、木雕及饶有装饰的门窗让整个宅院丰富别致。而96公里外临海的平潭县，民宅则多为料石砌成的低矮石屋，形体简单而少有装饰。深山中的大厝屋脊层层叠叠，阳光与阴影使其形态及院落丰富多彩；临海的石屋顺应地形高低错落，直

建造地的材料为建筑设计提供着基本的保证

马尔代夫 Nolhivaranfaru 岛 石墙
福建泉州蟳埔 牡蛎墙面
阿尔罕布拉宫 砖墙
巴厘岛 竹屋
山西大同 华严寺 藻井

直的屋檐和门上的抬梁显示出稳固坚实的形象。居屋形态鲜明的对比体现出建筑应对地域气候的不同策略和经济技术程度的差异，居室的设计及装饰的表象同样体现出闽中一带民俗与内在文化的和谐与不同。

材料特性是建筑不同时期、不同地点得以发展变化的重要因素。建造地的材料为建筑设计提供丰富的原景素材，材料的使用与环境休戚相关，也与人的审美习惯和当地的技术能力相一致。材料的色彩、纹理等人们所普遍认同的外观特征会形成人们选取的主要标准，其他诸如蓄热性、强度等材料的物理特性亦是决定其所使用的部位及可行性的重要依据。旧时砌砖密缝，墙用灰浆涂白等正是为克服砖易吸水爆皮、墙面易吸潮剥落的缺陷，从而满足了墙体保温、承重及空间内部舒适度的基本要求。赖特说过："材料因体现了本性而获得了价值，人们不应去改变它们的性质或想让它们成为别的什么东西。"

过去福建一带的居民在砌墙用的灰浆中加入牡蛎压碎的颗粒，使其坚固耐久。有的甚至加入硬币，既取意吉祥，又增加了墙体的稳定性。尽管上述做法在今天看来过于简陋甚至不一定科学，但是人类对自然的亲和与再造的态度促进了材料利用的发展。笔者在马尔代夫 Nolhivaranfaru 岛援建住宅现场考察时发现，岛上主要的道路也是铺满了贝壳类碾碎的颗粒，白色的路面与土著的房屋，连同当地人浅棕色的皮肤，形成了人与自然和谐相处的生活景象。

白色的路面与土著的房屋，连同当地人浅棕色的皮肤，构成了人与自然和谐相处的生活景象。

几个世纪以来，建筑成功地适应了当地各种不同的气候条件和使用需求，自身的形式语言受生活方式、传统功能需要逐渐演变，形成了在特定环境中文化自然表现的建筑形式而沿承下来。而无论建筑的风格怎样，建筑物与人类的生活环境有着不寻常的密切关系，建筑连接着人类与环境。我们需要以一种平衡而积极的心理状态去认识大自然，去理解环境，去审视我们所面对的景象。

设计建筑同样要面对其所属地域的"背景"。建筑设计对诸如经济、社会、文化、技术等条件的拮取、择重、诠释，以及表达方式的不同，造就了迥异的建筑与环境，背景是建筑设计所面对的重要条件。

复杂的社会背景是建筑设计重要的设计条件之一。不同的民族、宗教、文化及人的思想都会对建筑的设计产生重大的影响，并由此形成了不同的建筑功能需求和形式表现，产生了丰富的建筑形象与区域文化。研究何时、何地、何种情形下的社会环境要素，对何种人群产生怎样影响，对建筑设计来讲有着积极的意义。

设计面对的背景可以是城市，也可以是乡村，丰富的城、乡背景为设计提供了基本的资料。城市的格局多显示出宏大的尺度，规整、清晰、井然有序；而乡村往往依循自然的格局，简单而秩序统一。区域环境以及经济条件、技术条件的不同，使得城乡建筑在各自不同的秩序下尽可能地表达自我的

阿姆斯特丹
布拉格
北京颐和园

存在。城市中的建筑错落有致，呈现出丰富的表情；而乡间建筑与田地、树木结合，形成了丰富的天际线，同样表现出人的想象力与创造力。每个建筑以自己从属于所在城市、乡村的独立姿态，浸润并丰富着周边的景观。

　　建于公元9世纪的捷克首都布拉格，面积496平方公里，因五个多世纪建筑遗产被原封不动地保留了下来而被列入世界文化遗产名录。城市肌理在严整而有效的保护下与现代的城市生活相融，新的建筑物仍然有着充满活力的表情和弹性的跳跃。建于1750年的中国最负盛名的皇家园林颐和园，连片的绿林和293公顷的昆明湖形成了京城西北最重要的绿肺，周边园林建筑的衬托表现出中国园林山水的情思与魅力。然而步入西堤北侧，回头远望，中关村西区的建设跃入眼前的一刹那，幽深的感觉及历史的纵深感顿时减弱。如果新开发区域建筑高度降低，密度增大，无论其整体的环境还是个体的商业环境都将获得更好的效果。

　　城市发展不是高速地填补城市空白的建设，而应该系统地研究城市发展的阶段性成果并将其转化为城市持续发展的一部分。建筑并非简单的视觉元素的综合，设计的项目必须被整合进一个区域的总体规划之中。城、乡背景中各种形状的建筑物合起来形成一个整体的视觉语言，形成不同的印象。在这一过程中，建筑群落相互间有机地形成了一个丰富的区域环境。

　　当地的技术背景是建筑建造的重要技术保障。干打垒、绑扎、砌筑、焊接等施工技术与经验为建筑的建造提供了多种的可能性。建筑的功能与

干打垒、绑扎、砌筑
焊接、浇筑、榫卯

结构是对应的，每一种新的结构方式的产生一定是为了满足新的功能需求、精神需求和技术能力需求，而采用的最科学、最经济的形式。中国木构建筑的大屋顶因进深的不同而采用不同的举架结构；西方建筑利用砖之间的侧向压力构成拱券以满足大跨度的需求；蒙古包采用"哈那"解决支撑和灵活安装的可能性；干阑式民居原木榫卯而成的楼舍亦是地域气候所致，等等，这些都充分表现出结构的功能性与真实性的价值所在。

历史上建筑结构的演进无不反映着人类对高度向往的努力。应县木塔建于辽清宁二年（1056 年），塔高 67.31 米。虽然与同时代的西方石砌建筑无论在体量、高度上都相差甚远，但是在构造技术、材料应用、建筑表现上却独树一帜。其共用约十万块实木榫卯，塔身全是木制构件叠架而成，对木材材质的力学特性的极限应用达到令人叹服的技术与想象力，反映出中国木构建筑的最高成就。

840 年后（1889 年）建成的埃菲尔铁塔，塔高 324 米，有 1.2 万个构件，由 250 万个螺栓和铆钉连结成为整体，共用去 7000 吨优质钢铁。它的建成有力地证明了钢铁框架的优异性能，在 19 世纪末期预示着建筑向上发展的巨大可能性，反映了当时的技术能力与艺术成就。

如今世界上超过 400 米的超高层建筑我国已占 1/3。但是如果没有核心技术的延伸，没有建造地的环境与经济条件相应的需求，那么其凸显的"标志性"就一定不会产生预期的效果，更难以产生突破性的成就。

应县木塔
埃菲尔铁塔

设计师需要将包括建筑材料在内的非生命的物质利用、技术条件组合起来，去发现和使用每一种材料自身内在的性能，创造具有功能的空间。一个有质感的空间只有通过材料不同细小尺度的有序连接、组合才能整体地呈现出来。密斯曾说："凡是技术达到最充分发挥的地方，它必然达到了建筑艺术的境地。"❶

设计建筑与现实生活中呈现出的有意义的"场景"相互关联，场景成为建筑设计中的最重要因素。场所是由单体建筑物组成的，建筑给予了场所独特的形式。而场所正是在这个特定的形式中历经变化，对建筑空间有意义的改变形成了某一区域特定的有氛围的场景。虽然一栋建筑物的边界是一个与建筑本身体量相当的区域，但建筑肩负着从各个方面和意义上进一步完善场景的责任，一栋建筑物必须和谐地融入其所在的环境。

建筑为我们提供着丰富的生活场景。建筑是生活的表达；感受生活，再现生活，提升生活品质是人类永恒的需求。建筑的最基本目的就是创造生活空间，包括其内部的功能使用以及外部的空间环境，从而满足使用者的物质使用和精神需求的基本要求。

中国民居建筑是在历史的演进、生活的转变的作用下形成的与人们生活、地域条件、民俗风土相适应的一种建筑形式。广西苗寨干阑式木楼底

❶ 刘先觉. 密斯·凡·德·罗 [M]. 北京：中国建筑工业出版社，1992.

鼓楼、芦笙柱、火塘、用砖砌上的木楼底层空间

层架空，上层居住的生活方式造就出十分合理的建筑形态。尽管考证下来每栋木楼的建造历史不会太久，火灾的隐患使木楼群几乎 20 年不到便全部新建，但是延续的"火塘"文化仍然让这样的气息相传了几百年之久。20 世纪 90 年代初，我因参与改建广西融水县安泰乡整垛寨，对全寨进行现场调研并对三十余栋木楼进行了细致的测绘。可以发现木楼在保持整体格局不变的基础上，每栋建筑随地形变化均会有灵巧的改动。从许许多多简朴归一、富有特色的细节装饰处理，能够强烈地感受到木楼主人建造时的悉心和心情的愉悦。

　　十五年之后的一次会议间隙，我又一次到访距桂林三十多公里处的程阳风雨桥。我发现村头一个原来调研过的木楼底部架空的养畜空间已全部用砖砌上，改为实用的功能房间，原有正中放置火塘的堂屋内侧已然全部粉白。房主人说，县里文物保护部门不让改造木楼外观，虽然只能在内部装饰一下，但居住环境要舒服得多。尽管条件有限，但是乡土建筑师无时无刻不在本能地、自发地改善着他们的生活环境。应该看到，建筑师的工作并非绝对的发明创造，而是将寄望的生活功能需求转变成具体的现实。套用康德关于"美丽"的说法❶，我觉得当你欣赏一栋建筑的美丽，知道这栋建筑为什么舒适而如何作用于人的时候，你便真正理解了环境。

　　　❶ 马修·基兰. 洞悉艺术的奥秘 [M]. 北京：北京大学出版社，2010."康德以美作为美学判断的核心，试图解决一个基本问题。他认为，美在某种程度上是一个主观的内容，因为它是依存于我们的经验所能感觉到的愉悦这一基础之上的。"

砖雕、剪纸
彩陶、皮影

　　同样，建筑与地域的文化场景是紧密联系在一起的。不同地域的民俗文化特征，如中国的书法、剪纸、彩陶、皮影等，连带人们精神上的"高文化"现象，延伸了人们生活背景的内涵，为建筑设计提供了丰富的资源。在一定意义上，人与环境之间的作用机制具有文化性，场景是一种文化景观。利用各种自然与社会的条件去创造有着深层意义的文化因素的场所，可以扩大场所的精神功能，形成表现设计者、使用者及其文化的场景。

　　场景同样是具有精神功能的场所。建设项目的目的远不仅仅是提供具有一定功能的建筑场所，场所中新的建筑应该创造出一种包括其功能本质及它们所处位置场景的表述，把通常的事物简明扼要地吸纳和舍弃，强调彼此间的对话方式，语境表达方式，营造出丰富多样的空间环境，并把它们重新反映到邻里环境和社会背景中去。

　　在西宁湟水河畔，我设计了四栋用于会议接待的小建筑。设计中尝试运用不同的材料对建筑空间环境做了一次有意义的对话。木饰的建筑临近水面，清水混凝土建筑居于水中，涂料饰面的建筑卧于坡上，石材饰面的建筑置于广场一侧；四组建筑呈线性的带状布局相映成趣，为建筑内外空间及景观环境带来了丰富的视觉动力，犹如文章中的起、承、转、合，表达出一种潜在的意趣和逐渐舒展开来的旁逸景象。而空间表达的更深的精神意义正是期待着观者在其中游走时逐层发现，使观者在建筑的环境中能够体味到一种精神上的动力与心灵上的安逸。

西宁湟水河畔四个小建筑
设计中尝试运用不同的材料对建筑空间环境做了一次有意义的对话。

　　建筑营造的场景是在观者体验和想象中呈现的，而不完全是第一眼的视觉图景感受。建筑语汇直接的提示，尤其是夸大的、离奇的处理手法，无论其多么新奇，也不会留下久远的光影。因为这种舞台"布景"式的表达方式并不能完全表达建筑本体的真实性。电影技术可以在很短时间内通过远近距离的观察和丰富的拍摄手段引起观众的情感共鸣，而建筑不是。建筑重要的是人活动体验的空间，其最大的真实性来自于人切身的体验。

　　不同建造场地场景的不同，连带所处环境的背景及原景在内，形成了一个建筑从无到有的最基本的条件。而对不同的有价值的设计要素的提取、渗透、放大后的结果，正是建筑所具有内涵与表现力的原因之一。这一过程需要设计师的深入思考、情感投入、持续努力及其社会现实的宽容。建筑正是从特定的历史情境中，从与环境进行积极的、有意义的对话开始，发展成为它们所在位置的形式和历史的一部分。建筑物作为社会文化的重要组成部分不仅与我们的生活及生存的环境密切相关，同时也必然成为人类情感的重要组成部分。

情

　　"情景合一"是中国传统文化的基本要素之一。触景生情、情景交融、情景再构、寓情于景等，常常是艺术创作过程中原始的冲动和思考的真实

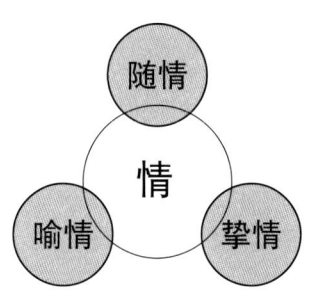

写照。用情深切表达的是一种创作的状态，是建筑从一般的功能性产品转为有感染力的艺术作品的萌动，是一种将建筑设计转为有意义的文化活动而投入情感的过程。当一个建筑从内到外洋溢着喜悦和激情而表现出一种美时，它便和环境及其自身具有的特性取得了一种相对应的和谐。

"随情"是在景物面前人本能地随性而发的最初的情感状态，是一开始就潜入人心的情感。建筑设计不是简单的技术工作，需要设计者热情的投入、激情的迸发、感情的积淀与才华的涌现。随情使然，成为造就艺术作品优秀品质的重要一环。

热情是建筑创作感情酝酿的开始。爱迪生说过："没有热情，一切伟大的事情都无法体现。"法国哲学家丹尼斯·狄德罗也说过："唯有热情，巨大的热情，才能激励人们成就大事。"一个设计师只有对所设计的对象拥有热情，才有可能创作出新的作品。

热情能够激发出丰富的情感体验。在南非德班有一处独特风景吸引着人们的注意。树上繁密的枝条上满满地悬挂着大小各异的鸟巢，许多鸟无视游客的凝望，忙碌地筑巢。向导说鸟儿一生中会搭许多巢，看了不美拆了重建，当地都叫它们"织巢鸟"。多漂亮的情景！或许旁观者欣赏的是树枝低垂、巢巢相列的壮美与鸟儿灵动的光色，而对巢穴的主人来讲，穿梭于"街巷"之间，设计营造着的是属于它们的街区与居住环境。热情是自我认同的

南非织巢鸟

核心，这些"建筑师"正是由于拥有热情和独到情感的享受，才能有意识地日复一日地兴巢筑穴。这份美丽属于它们生活中审美和精神向往的重要部分。

对歌德而言，科学探索的冲动与了解自然的热情同艺术活动是密不可分的。正是拥有了诗人的直接言说能力和凡人的平静心境，才使他的成就达到了极致。文艺复兴时期的艺术天才都是对科学、艺术、技术实验拥有超乎寻常的专注与热情，才达到了至高的艺术成就。有建树的建筑师，除了他们在研究领域的贡献外，更重要的是对其所专注的事业投入了巨大的热情。柯布西耶曾说："激情能用顽石编出戏剧来。"❶

建筑除了其空间、形态、技术等要素表达之外，同时需要设计者倾注感情。建筑设计能够在多重的思考与验证中一步步接近成熟，这是人类追求美的心境与情感自然表达的一种状态。建筑设计作品是与人类的需求和情感相适应的，只有当建筑物能够以各种各样的方式投合我们的情感和思绪时，它们才能被周边环境所接纳，表现出自身的魅力。

地方乡土环境下的选择标准恰恰能使人产生最为积极的情感，尽管这种直接认知的效果不是持续的，但是我们对于传统建筑和乡土建筑瞬间完成的体验创造着一种明确而积极的情感状态。早年我在福建高山镇调研民居时注意到，村寨各式各样的屋脊有着极其丰富的表现力。正是由于"设

❶ [法] 勒·柯布西耶. 走向新建筑 [M]. 西安：陕西师范大学出版社，2004.

高山镇村寨的喜鹊脊和桃杯脊

计师"注入情感的努力，才使简单的建筑功能性语汇在他们的构想下变得丰富多彩，反映出居室主人对自我居住环境的理解与用心，从而赋予空间更深的涵义。

当我们和建筑物建立了情感联系后，就会感受到它的美，而这种积极的情感状态不会受到舆论、时尚和风格等因素的影响与限制，是事物内在的表达。巴拉干说："我相信有感情的建筑。'建筑'的生命就是它的美，这对人类是很重要的。对一个问题如果有许多解决方法，其中的那种给使用者传达美和情感的就是'建筑'。"

自然环境和现实生活的丰富多彩，为建筑创作提供了最基本的素材和多样的可能性，形成了以现实生活为基础的，带有普遍性和诗意的建筑。一个特殊的具体的情境经过设计如同诗歌一样，从惯见的平凡事物中显现出引人入胜的一个侧面。在环境中，富于情感与诗意表现的事物是对具体的"景"的回应、再现与回归。

"喻情"是人类对事物普遍具有的感染力的表达，是对建筑所具有的情感表现力的再发现。古希腊哲学家亚里士多德相信事物感染力由三个要素构成："喻德、喻理、喻情 (Ethos, logos and pathos)" ❷。其中喻情强调的

❷《雄辩的艺术》(The Art of Rhetoric) 这本书里就曾经论述过：一次成功的演说只有包含了"ethos, logos and pathos"这三方面才会有效果和说服力。古希腊为什么能够成为哲学的发源地与 ethos，logos 和 pathos 这三个词不无关系。

程阳风雨桥、芦笙坪

就是唤起他人的情感，而这种情感的吸引力恰恰是使建筑由一件产品转为感染别人、提升品质的重要的手段。一栋优秀的建筑的感染力并不局限在其自身的特色上，其同样可以感染周围的邻居以至更广泛的地域，造就一个属于其时代的影响力，而这一切正是建筑的喻情所在。

建筑的表情自然流露出的效果不是自然获得的，这份自然的流露需要建筑师前所未有地深入挖掘自己的内心，选择能体现自己想法的方式，与自我的认识相协调，用最有影响力的方式去表现主题。这需要其在渐进的比较中摆脱其惯有的方式而逐步升华，这需要在多次的反复，甚至犹豫中去寻找。

依山而居的苗族村落，连同跨溪而过的廊桥和亭亭玉立的鼓楼，形成了别致的景色。廊桥上常常会放置便于行人使用的物品，满足休息和便捷的服务功能。寨寨相拥的木楼群一定会在中部最好的位置留有芦笙坪，上有芦笙柱，供奉祭祀的图腾。所有公共建筑的木料、石料及出工全部为寨民分担，建筑的每一处细节都寄托着朴素的乡情。正是村落中内在的氛围与气息表达出的人们对生活寄予的情感，塑造了其特有的空间品质，建造出富有特色和精神情感的马胖鼓楼、程阳风雨桥等优秀的建筑物。

1998年，我在厦门开始了北大生物园的规划及办公楼单体设计工作。设计依从现状苗圃区良好的自然植被，呈扇形在树林之间缓缓展开，办公、

福建 土楼
厦门生物园

狄奥尼索斯剧场、巴黎歌剧院
北京大学百周年纪念讲堂

科研、实验室空间各自有序的自然生长为园区的环境带来了新的活力。当时、媒体正报道在闽东又发现了一个"土楼"群。一位生物学博士兴奋地对我讲："生物园就是一个现代的'土楼'。"尽管我设计的初衷不完全是这个理念，或者更加强调其内部功能与建筑形态及环境的相生关系，但是建筑脊部的升起、空间形态的迂回及细部的处理与我对当地民居的调研与研究很难分开。设计一幢建筑的最初状态应该就是从设计者对环境的感悟和文化的共鸣开始。

建筑空间所传达的感染力是与人对空间的知觉体验的需求相一致的，是空间所呈现的精神上的会聚。剧院设计中观众从休息厅到观众厅的情绪的变化，观众厅与舞台的相互交流、渗透的情景转换，无不体现着人的视觉、听觉、心理、行为等各个方面的关系。良好的视听环境连同观众心理感受一道，伴随着建筑空间的组织而显现出不同的魅力。剧院"空"的部分恰似音乐中的音符一样寻找着想要的和弦，寻找完美的空间，是建筑中真正的主角。它的设计师恰似一位才华横溢、技巧出众的音乐家，将我们和观众载向天空，一起飞向最后的和弦。会聚使空间具有了与科技成就相吻合的技术特性，同样也赋予了空间的精神属性。

建筑空间是具有情节、仪式感的，是有生命力的，是我们生活展现的舞台。优秀的设计师的能力就在于调动一切可能调动的积极因素，将人们习以为常的要素提炼——提升到人们能接受的程度。建筑能够吸引我们注

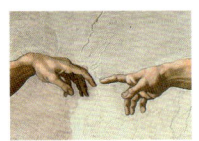

圣家族大教堂，高迪

《创世纪》，米开朗基罗

意力的不仅是其具有创新性，而且是其表达出的对精神与情感的承诺。

"挚情"是艺术中持续地对事物固性的品质追求和精神向往的创作状态。建筑文化的形成是挚永情感的表达与发现，是建筑能够从对设计技能的热情提升到有着感染力和持久性影响力的涌现。追求美好与永恒是建筑生活的一部分，设计师不仅要坚持艺术上和技术上的想法，追求艺术完美的效果和成就，同时还要有对业主、社会的承诺，以及对意境的追寻的执着。

米开朗基罗历时四年零五个月在西斯廷教堂天花板上完成了传世巨作穹顶画《创世纪》。为了完成天顶画，米开朗基罗天天仰卧在高高的台架上，以至于完工之后的几个月内，他的眼睛不能平视，连看一封信也必须拿起仰视。西班牙圣家族教堂历时133年，高迪生前的最后四十年的岁月几乎都投注在教堂工程上，不但做了模型研究，甚至借由镜子反射来观测效果，就连外观上的雕像都是依真实模特儿来雕塑。悉尼歌剧院亦是历时14年间反复修改设计，几经波折，终于建成……正是艺术家与设计师对艺术追求完善的挚久之情，成就了经世的作品，造就出伟大的建筑。

一个学校从建设到成为真正的校园更不是短时间内能够完成。哈佛大学建校381年，剑桥大学建校808年，世界上最古老的大学已经建校930年（博洛尼亚大学）。校园的发展伴随着其特有的人文环境，不同阶段的建筑物在校园气息的烘托下逐渐形成了美丽的校园环境，形成了独特的校园文化。

哈佛大学（1636 年建校）、剑桥大学（1209 年建校）、博洛尼亚大学（1087 年建校）

校园建筑的设计是持续的设计，它需要设计师们在随时间、使用者、功能及周边因素有机转变的过程中，潜心完善校园环境。这需要一种情怀，需要设计师持续的坚持与潜心的努力，而这也正是建筑师对校园文化追求的挚情所在。

现址为燕京大学旧址的北京大学是中国最负盛名的大学校园之一。百余年来，校园已扩展为 339 公顷的城市中的校园（2011 年）。校园格局由书院式单一主轴核心向多核心发展，经过 20 世纪 50 年代大规模的建设，至 70 ~ 80 年代图书馆、理科楼群的建设，校园功能日益完善。2000 年前后，校园先后建设了新图书馆、百周年纪念讲堂等项目，校园建设迎来了又一个高潮。随着校园用地的日趋紧张，校园内部的有机改造与更新成了校园建设的主要目标。校园中历史风貌保护区的修复与建设，为校园的发展带来了积极的动力。在北大校园环境有机生长的进程中，无不凝结着不同时期的建筑师对校园文化韧性的追求与个性的坚持。

城市的发展更是需要时间的考验。城市记录着地域的脉络与文化的景象，凝聚着属地人的生活与愿望。多种情源的追溯与情感的回归，让建筑师在生活与环境日益改善的过程中，去积极地改善、织补城市的环境，这同样需要一种情怀与精神上的追求。

通辽市坐落在科尔沁草原的腹地，其特有的文化景象让这座小城与众不同。城内的一道废弃的河道让我们有了改造河道，进行将河道两侧 50 米

燕京大学（1919~1952）、北京大学

保护带的闲置功能转变为城市服务功能的研究性实践的机会。孝庄河的景观改造的真正受益者应该是当地人而不是"游客"，多种为人服务的开放性设计使河道景观与文化共融，形成了有特色的城市景观资源，为城市环境的改善及城市功能的完善做了有益的尝试。

　　建筑是与建筑所赖以产生的社会、技术与文化的条件联系在一起的。对现实条件的认知及文化关系的厘清是建筑与社会相依的重要现实。一栋建筑功能品质是第一位的，因为它不仅满足了使用的需要，而且随着时间的变化，对使用者的满足程度愈大，其所被依赖程度愈高，人们对建筑物的认可及所寄望的情感会愈深，那么它也就更会成为一个环境中的重要一员。我赞同这样的一句话："建筑设计完全不必刻意与过去已有的建筑形成巨大的反差，今天的形式一样会成为旧的形式。这样的建筑也许平凡，却能经久不衰。"

　　每个建筑都会有它适合表达的环境，都会有它潜在的成长并成熟的契机，能够偶尔遇到并抓住这份机遇，并持续发展下去的建筑师是非常幸运的。建筑设计情化的过程，是使建筑显现出生动的、感人的、有特色的重要缘由。设计师投入的热情、寄望的感情，建筑所表达的喻情，以及其始终伴随的挚情都无不反映着一个时代、一个建筑所追求的理想的光明。这份建筑所期待的美好不只是改善了人们生活的条件，而且是在追求着一种更为延伸

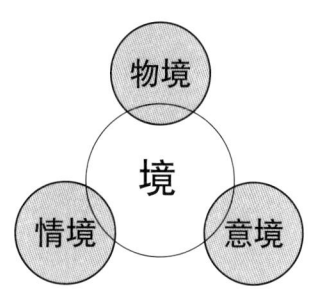

与持续的境界。

设计思考与实践本身并不容易，需要天赋、活力和想象力，需要耐心和持久的努力。建筑本质上是一种非时间性的艺术，持久性是它的最终价值，忽视现实的新奇是不足以久远的。建筑带给人们和环境的裨益，远不只是一件被制造出来的新颖产品。追求具有强烈的人文品质建筑与环境的自然法则，塑造文化与环境的和谐精神才是永恒的价值所在。当此景此情境化之时，我们可以与彼时有着前所未有的接近。静下心来，会看到全然不同的另外一种事物。

境

自古以来，追求"意境"之美，贯穿着中国传统美学发展的历史，渗透到几乎所有的艺术领域。庄子和佛家深知"言不尽意"，"象"亦难尽意。而追求"象外之象"、"味外之韵"、"韵外之旨"的"境"便脱然而出。所谓"借象取境"、"言象观境"，无不强调的是主客体交融、全息相应的心灵感受和直觉体验步入艺术灵境的情感状态。"境"成为中国先觉、智者用以悟道、审美的至高妙法，"境由心造"讲的就是这个道理。

王昌龄在《诗格》中写道："诗有三境：一曰物境。二曰情境。三曰意境。"艺术表现中情景交融的过程，增加了丰富的表象，自然、文化的相互传达，涌出崭新的意象，形成独特的意境。恰如科学的绚丽多彩不只是外在之美，

土耳其，卡帕多奇亚，格鲁梅镇
希腊，圣托里尼岛

中国重庆
中国云南，竹屋

最好的科学是一种我们情感和智力两者相结合的产物，科学上最伟大的"境界"总是总结了感性的优美和理性的洞察力。

好的建筑的生成，不仅仅完成了从无到有、从功能转化为实用的物质过程，其更应完成由物到境的转化，而成为一个于社会、于环境有意义的作品。建筑除了有趣，它更需要"灵魂"，需要在众多的建筑中脱颖而出的境化。

"物境"的显现展示了事物显像的完美一面。自然之物，互相关系，互相限制。建筑作为实体的功能空间及形态，一定是表达着某种现实存在的有特征的理念，当建筑与功能环境协调并表现出接近完美的一面时，便拥有了美好的"物境"。

在社会发展的背景下，随着历史的推源溯流，建筑环境呈现出其安然、宁静的画面，折射出反映彼时文化和生活状态的景象。物体、创造物以及建筑环境所体现的有组织的复杂度对我们感官是一种滋养。在可以触摸到对生活观察体验的细节中，能感受到其传递的情思与感悟。如同诗的艺术性，固然文字、格律、节奏、意象重要，而其"格物"的状态更是延展了境界。

早年笔者在改建广西融水县安太乡整垛村苗寨调研时，行走于广西、贵州、湖南三省交界的大山之间，沿盘山公路向下望去，不同邻里单元相簇而成的木楼群、环水、背山、蜿蜒相连；跨河而过的饶有装饰的风雨桥，

牧民虽然没有凡物俗物，却是异常的富有。
因为他们懂得和大自然和谐相处的技巧。

寨门、大榕树、临水而居的村落景色在阳光下呈现出和谐的自然画面。

从广西融水县元宝山向山下望去，一定会看到当年我随导师改建的整埯寨。而今，新建的30余户民宅会形成一种标记为这个区域带来一种信息。二十余年过去，我想除去早年设计的建筑形态、平面布局的推敲以及让使用者再建的灵活性的设计外，建筑实现的最根本意义在于改善了几代人的生活条件，使他们能安全地与自然和谐地生活。我想这亦是风景雅致背后需要观察的又一个重要现象，即与社会同步的生活场景的展现及建筑技术进步所带来的符合当代人生活的情境体现。

蒙古包用最普通、最软、最轻便的材料，营造出最大、最实用的空间环境，利用自然的光、影和空间形成了符合草原人生活方式的建筑。蒙古包在草原上的显现，不仅仅是一栋栋小屋，更多的是一种原生的居上、崇天、接地、尚白、逐草的生活景象。蒙古族牧民世代驰骋在广袤的草原，过着自由的游牧生活。牧民虽然没有凡物俗物，却是异常的富有。因为他们懂得和大自然和谐相处的技巧。在大山之间，在畜兽与野兽之间，保持着人类赖以生存的平衡，这种平衡的非凡生活是一种天然的和谐。溪林河弯弯而过，羊群簇簇而依，在蓝天白云下勾画出蒙古人的精神与灵性。如歌德所说："人不光是天才，更多的是拥有灵性。"

一个地方物境的呈现往往表明了它所具有的存在价值。环境、文化、社会、家庭以及社会氛围，使一个地方展现出其共性的特征，也让往来的

植物给我们的生活提供了温馨的绿色环境。人类修剪、浇水、施肥所投入的努力，伴随着它的生长为日常的简单生活增加了新的色彩与涵义。

人留下直觉和感性的记忆。"不能表达宁静的建筑也就不能完成它的精神使命。"❶ 活力与宁静的结合，是建筑潜在精神表达的重要表现。物境的美好尽在无声无息的宁静之中。

"情境"表现出自然与理想相应而就的状态。所谓"情景交融"、"还景赋情"、"境由心造"无不表达着人类既往的感情与精神向往。"善或崇高的艺术应该包含一种情感，道德和精神上的交流。"建筑设计作品与人类需求和情感相适应，犹如美好、丰富多彩的建筑空间在给人感官满足的同时，其纵深尺度、虚实对比、相宜与对应等，使观者得到视觉的享受与精神的释放。当某种建筑作品中形式和功能两者结合出具有足够感染力的基本意境，那么它也就拥有了艺术品的特质，于沉静之中显露出一种真实的情境。

如清代方士庶在《天慵庵随笔》中说："山川草木，造化自然，此实境也；因心造境，以手运心，此虚境也。虚而为实，是在笔墨有无间，故古人笔墨具此山苍树秀、水活石润，于天地之外，别构一种灵奇。或率意挥洒，亦皆炼金成液，弃滓存精，曲尽蹈虚揖之妙。"古人将意境引向山水草木之外超然境界，于笔墨间透视人的精神与灵魂。

❶ 语出刘易斯巴·拉干，引自：[美] 肯尼思·弗兰姆普敦. 建构文化研究——论19世纪和20世纪建筑中的建造诗学.

土坯与烧窑

　　植物给我们的生活提供了温馨的绿色环境，人类修剪、浇水、施肥所投入的努力，伴随着它的生长为日常的简单生活增加了新的色彩与涵义。犹如砌筑砖墙时，砖的影子同样重要，它记录着砌筑者将砖放入砂浆中的动作，同样是有价值的载体。小说家让·季奥诺（Jean Giono）在《吾民仰望的喜悦》中说："每一个将石头放在石灰浆里的动作是伴随把石头的影子放在石灰浆的影子中的动作，而影子的建造是有价值的东西。"

　　由于江西艺术中心项目的室内设计，我得以去瓷都景德镇调研考察。在了解瓷器从"土"变"瓷"的过程后，你会发现瓷器显现出的美绝不仅仅是其表面成型后的光泽，才能懂得"瓷器"的真正含义。陶土从装坯经"扶窑"至"满窑"，封门高温"烧窑"后，止火冷却"开窑"的过程是瓷器产生生命的开始，而其中点火、投柴、缓火、热火、退火的往复检验，真正成就了陶瓷艺术的个性特征。所谓"千度成陶，过火则老，老不美观；欠火则稚，稚少土气"❷，正是火的神奇魅力伴随着艺术家装坯投柴的动作，烧出瓷器的精髓与美丽，在开窑的一刹那绽放出异彩。往往一满窑的成坯开窑后理想的成品不会太多，而后着色上釉再经高温烧成的效果，更带有窑变的偶然性。这份期待及意外的收获实际上是制陶者对目标的判断与预期的结果的对峙与期许，这种执着的坚持及艺术上挚久的努力造就了艺术

❷ [清]朱琰，《陶说》.

广西左江花山

的真实品质与恒久的价值。

　　广西左江流域山重水复，气候温热，雨量充沛，自古以来一直是壮族及其先民生存发展的地方。距今 1800 ～ 2500 年的崖壁画，"施彩摩岩，灵动变化，气脉相通，虚实动静，转合相错，散而不乱，相而不碰，托物赋形，讲意匠，更重立意，生动地体现了先人造艺之思想经营和艺术加工。""岩阿寄迹鬼才工，太古何神斧凿雄。壁像生光通日月，烟横百里丽波中。"❶花山岩画记录着古老的故事，游动着先民的生活，创造了丰富的物质文化和精神文化。岩画是创作者心境的自然表达与真情流露，是骆越民族审美意识的综合体现。

　　蒙元文化博物馆的设计让我在蒙古大草原游历了一段时间。蒙古族尚白，崇拜太阳，其土居的建筑为"哈那"支撑，外围饰以棉毡保暖，顶部留有"套瑙"采光，满足当地材料及气候特点，形成了符合人们生活习惯及民俗信仰的建筑空间与环境。在博物馆设计中利用钢索结构支撑形成的主展厅，既利用了这种传统建筑语汇的表达，同时利用新材料的特性将建筑空间尺度加大，充分展示技术的可能，展现材料特点和性能。主展厅连通地下的回旋楼梯，形成了有光影的叙事性展出场景，形成了宁静而寓意

　　　❶1988 年中国著名书法家谢云与日本汉学家、诗人、书法家秋山先生唱花山岩画诗，谢云："岩阿寄迹鬼才工，太古何神斧凿雄。壁像生光通日月，烟横百里丽波中。"秋山公道和诗："三千年里鬼神工，赤铁沙中原始雄。壁像犹存画石迹，宁明藏梦水芳容。"

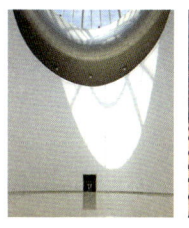

蒙元文化博物馆

蒙古包 套瑙

深远的主要展览空间。

在北京大学肖家河项目的幼儿园、托老所的设计中，不大的地段由于设计者对不同情景空间的塑造的构想，形成了不同的院落空间，空间通过不同的材质细节与墙面虚实加以表达，赋予了不同人使用需求的情感动力，同时也反映出一个人从小至老，贯穿生命交替的情感体验与精神上的无限释放。

设计情感的培育首先从设计师心中开始。北大讲堂是为 1998 年北京大学百年校庆而建的建筑物。北大校园的唯一斜入口建筑的设计，源于我保留校园原有广场的想法和对主入口朝向北大红楼的暗喻，建筑形体的错动则源于我在北大草坪上走动时的联想。时过十五年之久，因观众厅声场改造设计让我再次有机会去仔细地端详它。在过去的岁月里，建筑虽然更加安静，但是我仍然会像当初设计它时感到一样的亲切与熟识。

"意境"是情与景的结晶。唐代张璪提出："外师造化，中得心源"❷，造化和心源的凝合，成为了一个生命的结晶体。意境是造化与心源的合

❷ 张璪 [zǎo]，一作藻。字文通，汉族，吴郡（治今江苏苏州）人。官至检校祠部员外郎。后坐事贬衡、忠两州司马。唐建中三年（782 年）作画于长安，技法受王维水墨画影响，人谓"南宗摩诘传张璪"，创破墨法，工松石。当时有毕宏（庶子）亦以写松石擅名于代，一见璪画惊异之，因问其所受。璪答曰："外师造化，中得心源。"毕宏于是搁笔。

制茶过程

一[1]。南朝宋炳《山水画序》开篇就是："圣人含道映物，贤者澄杯味象。"而建筑正是因为具有象征意义才可能超越房屋的实用功能，在辩证的设计过程中超越新奇，把我们不断地引向满足，达到令我们愉悦、向往的精神境界。

建筑艺术的象征意义是极为重要的。它根植于人类经验之中，只有在普遍认可的经验中，其表达的精神才能有最好的效果，才能给我们如此深刻的感受并成为文化习俗中重要的一部分。建筑师就是利用所有的经验与设计的能力去表现建筑之美。

当一件物品显示它的本质时，就能看到美。美需要体验与观察！美在某种程度上是客观的东西，主要依存于由我们的经验而感到愉悦、舒适基础上的。日常生活中我们通常会喜欢美好的事物，柔软的质地、适宜的光线、明亮的色彩、静谧的空间等，都会带给我们怡人的感受。

茶原名为"荼"，有苦菜之义。而去苦成茶的过程，是舌尖融化时的滋味美与视觉美呈现的最重要的环节。摘茶需要时机，炒制需要经验，炒茶时手不离茶，茶不离锅，变换的手法精妙炒成的茶情化之后才能入口化为清香的好茶。一杯清茶，随着水的浸润，紧紧包裹的嫩芽渐渐地绽放出储存了一个冬天的精华，春天里勃勃的生机的源泉，让品茶人感受到"可以清心也"

[1] 宗白华. 中国艺术意境之诞生 // 艺境 [M]. 北京：北京大学出版社，1987.

天坛祈年殿、罗马万神庙
泰姬陵、紫禁城

的绝妙境界❷。也许一个好的设计归于自然之时恰如茶一般脱境而出。

　　天坛的祈年殿高 38 米，渐变的圆形外部形体和含有 "9" 的倍数的逻辑关系，隐含着对自然和天空的崇拜。在长 360 米的甬道尽端，经过圆形的基台，直至大殿的过程中，渐高的升起感受将人的想象力提升到了极限。高耸天际的层楼飞檐及环拱柱廊、栏杆台阶的虚实节奏，表现了建筑与自然背景取得最完美的协调，形成了东方建筑细腻、至美的空间感受，表现出中国人心灵的幽情壮采。

　　罗马万神庙采用集中式构图，穹顶高度及直径均 43.3 米。大殿内唯一的采光从顶端的圆形天窗洒下，加强了穹顶内部方格藻井上的光影变化，使建筑内部空间更显得厚重坚实。教堂的圆顶不再是明确地表示天堂的宗教形象，而是作为一个拱形和环绕的中空，保持着与自然天空的一种亲和力，分享着有教义的精神内涵；连带人们的感受突破圆顶的极限垂直升腾，形成了无限崇高与想象的美感。

　　如同崇高感是常人能普遍感受到的一样，小庭小水也是常人能随处所接触到的景象。中国传统的私家园林用地巧妙，设计精巧，同样反映着中国东方文化的精华所在。营者通过掇山理水、应物象形的过程，利用明暗、狭扩、远近的对比，形成了寓意深远的画面。我国自古以来就有把山川一

❷ 出自林新居的禅理散文《满溪流水香》之 "清心也可以"，中有茶壶诗——"心也可以清，清心也可以，以清心也可，可以清心也。"

北京 颐和园
北京大学 未名湖畔
苏州 拙政园

切景观纳入园林的传统，把大自然的诸种现象纳入有限的花园的愿望。普通的建筑材料在园林的环境中得到更为精致的利用，使咫尺小院多了许多风情，增加了美妙的感染力，昭示出这一片山水潜流的旋律。

中国人对书法情有独钟。中国书法从半坡瓦陶上的图案，到甲骨文，到大篆小篆，到魏碑汉隶，乃至王羲之的行书，到唐楷，到宋元明清行草书……无不流淌着迷人的魅力，中国书法之美，具有其独特的审美意趣。古人说它是"众美中至美"，今人则认为它是中国文化的最高建构之一。书法创作的法无定法、神采气韵、自然天趣的三大境界，体现出中国书法的审美规律。"书贵自然"，从"得法"至"无法"，得自然天趣者出神入化、随心所欲。

中国绘画根基于中国民族的基本哲学，其最高境界，在于水墨留白，虚实相生，无画处皆成妙境。三笔两画，神韵皆出，中国画体现出的"虚无"、"开合"的空间结构连带经营出"空白"的位置，成就了"意象"思维方式与"写意"的空间造型观，形成了"虚灵"的空间意象。中国画不是一个单层的、平面的、自然的再现，而是一个深层的境界的创构。中国画主张以墨入画、以心入画、以情入画，强调意境、营造出意蕴之美。

建筑的美在于其生长性与渗透感所延伸出的一种意趣之美。这种在有形的建筑形体中表现"空"的状态促使人们从不同的角度、不同的空间去发现与透现建筑的美感，其呈现出的轮廓线与内部结构是饱满的，任何剪

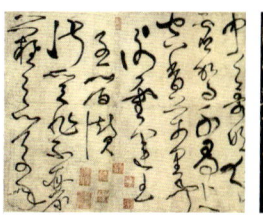

[唐] 张旭草书《古诗四帖》
[唐] 柳公权《神策军碑》

[元] 黄公望《富春山居图》（局部）

贴的形状和片断的影像都不能完美地表达这种美。即使在舞台上，也要通过光线的戏剧性变化和音乐的衬托才能表达这种延伸的场景意境。

人们自然可以习惯性地或本能地感受到建筑为人类需求服务的功能所在，而其间蕴含的美则要有一定的审美意向才能捕捉得到的。在感受到建筑持久的、固性的、诗意的、意境的"美"时，所有观赏者会自然而然地感动。一往情深是一种审美状态，徘徊犹豫更是一种富足的审美状态。在美好的建筑固有的空间中保持哪怕几秒的凝思，都会在精神上拥有极大的价值。

建筑设计可以千姿百态，其发展与人文的发展有着极大关系。一个建筑师除去日做天劳的基本的职业性的工作之外，能够有机会参加重要的、有意义的设计项目，真是一件幸运的事。能够在自然中，在地方的环境里倾情琢现一个建筑，哪怕再小，都是相当有意义的。

一个真正好的建筑设计构思是可遇不可求的。如同时光流逝无情，如同心灵捉摸不定，创作灵感稍纵即逝。建筑设计应该是建筑师发自内心的充满情感的作品，它反映着设计者素养和对周边文化、社会等信息思考的不同角度、方式和深度，也反映着使用者所寄望的生活情感。一栋建筑的重要价值不是它所取得的成绩，而是它的存在所带来的成效。建筑连带其自身的美丽等一切有意义的表现，都将积极地渗透在人类无尽繁衍的生活之中。

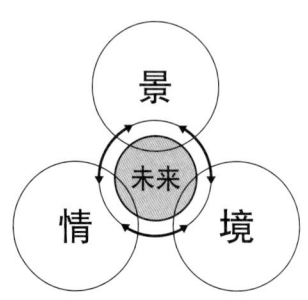

在世纪之初中国建筑设计研究院方案作品集的序言中，我写道："转到年末，回顾去年的设计方案非常有意义。除去方案设计的多项交流更进一步之外，同样使我们回忆起工作的历程：有创作初始的冲动；有中标后的欣喜；有擦身而过的遗憾；有磨砺施工图、润滑甲方的委屈……多重的感受使我们更深刻地体会建筑生成的艰难。这也是建筑师特有的苦楚和难得的幸福！"

建筑一定是"做"出来的，而不是"作"出来的。设计语言的成熟，表达出设计师的一种学习的积淀和一种必要的坚持。而诸多不同的人发自内心的坚持恰恰酝酿成了一个整体的丰富。当一个设计的语言能够形成一定的特征而有待评价时，建筑才能开始表现出其应有的教益。

建筑设计需要设计师专注的思考，需要对建筑形体、空间及建筑所追求的意趣的关联性一致性的整体把握。建筑师的创作实践及职业追求是并存的，潜心从建筑最基本的要素出发，严谨求实地去思考建筑，发现并发展建筑的个性与特色，是建筑师所追求的精神所在。建筑设计本身不是仅仅去设计一栋建筑，而是关于建筑的思考过程和对人类生活质量及观念的影响，是弥合与重生的力量和精神的动力所在。

梁思成先生说："当时的匠师们，每人在那不可避免的环境影响中工作，犹如大海扁舟，随风飘荡，他们在文化的大海里飘到何经何纬，是他们自己所绝对不知道的。"建筑之所以是有生命的艺术，就在于它能把它的结果留给历史、留给时间去评价、去反思，并作为一种价值自然地传承下去。

　　建筑除了表现其专业的进步之外，其所蕴含的文化、社会及多层面的意义随着时间的推移将留给未来。在不断发展与比较的历史语境下一定会留下一些精妙的、人文的、充满情感的、达到境界的建筑作品。它连带着彼时的文化，连带着使用者、观赏者和设计者的需求，感受与审美习惯，方法与思想意识等，重新回到和谐的现实环境中，重新回到拥有无限想象力与创造力的初景之中……

　　境明，情深，景致！

第一章
熟悉的校园

校园是我们每个人从记事起最为熟悉的环境之一，是人们在思维和知性最旺盛的阶段往复体验印象最深的环境之一。校园的环境会随着时间在不同阶段悄然地变化，而唯独不变的是不同校园里特有的人文气息和熟悉如初的校园景象。

熟悉的环境让人们有一种回家的感觉。路特维希·维特根斯坦（Ludwig Wittgenstein,1889 — 1951,奥地利哲学家）曾说过："事物的最重要方面，往往被其简单而又为人们所熟悉的面貌所掩蔽。"熟悉的校园中最吸引人的环境离不开人文环境的塑造，正是这种潜在的文化意识形成了校园环境的复杂性与文化的多样性。

"校园环境的重要性，在于它所能容纳的教育、运动和生活内容，以及时间延续下富有弹性的承载力。"❶一所大学校园的生命力就在于它与众不同的生活环境和在此基础上形成的校园文化。

早年北京大学著名学者王义遒先生强调用"文、雅、序、活"四个字来概括高品位的学校文化环境，且"任何人进了校园就觉察到一种文化，感受到一种科学与人文的气息"。学校有高于社会的文明格调，景观布置、建筑设施、一草一木、一水一石，都给人以美的欣赏与陶冶。文、雅、序、活相辅相成，构成了统一有机整体，共同组成高品位的育人环境。

❶中国台湾建筑师蔡元良语。

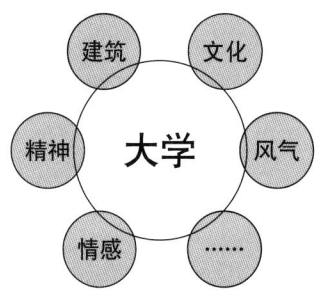

每一栋校园建筑的场地条件和使用需求各有不同，针对不同的环境积极地提供有效的解决方案。提供用于交流与学习的室内外开放空间，并从长远考虑空间的灵活性与持续发展的可能性，关注校园尤其是老校园的有机更新与改造，最大限度地满足和提升校园的功能需求与整体质量是设计的主要原则。校园建筑不应该只是功能的容器，它担负着熏陶人、培育人的教育场所的精神功能。校园建筑文化意蕴的表达和场所特色的追求就显得尤为重要。

可持续发展的校园应是一座可以给学生和教研人员提供教研及生活必需品的校园。校园建筑设计功能的适应性尤为重要，且要有长远的考虑。决定场所可持久性的一个重要因素，在很大程度上是情感的吸引力量，是空间和建筑在心灵的最深层面产生的共振。

在这个世界上，没有比大学更充满灵性的场所。漫步静谧的校园，埋首灯火通明的图书馆，凝望清澈见底的湖池，只要有心，你总能感知到这所大学的脉搏与灵魂。如陈平原先生所言："中国大学的意义不仅仅是教学与研究，更包括风气的养成、道德的教诲，文化的创造等。"❶大学不只需要大楼，不只需要 SCI，或诺贝尔奖，更需要信念、精神以及历史承担。百年北大，其迷人之处，正是由于其不是"办"在中国，而是"长"在中国。

❶陈平原. 大学小言——我眼中的北大与港中大 [M]. 北京：生活·读书·新知三联书店，2014.

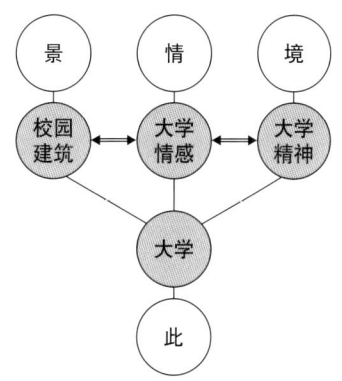

大学是有"精神"的，这种精神属于学人共同接近的"共同的思想、立场、价值体系与文化资源。"北京大学教授苏力在大学的致辞里言道："北大并不是一所大学的名字，不是东经 116.30 度与北纬 39.99 度交会处的那湾清水，那方世界，甚至不是所谓北大象征——'一塔湖图'或墙上铭刻的北大校训。每个人都有一个属于他自己的'北大'。"❹ 这或许言明了学生对熟悉的校园的最真实的寄想。

校园如同城市一样，"他们的发展形成一部分与过去有关，同时又与未来有关。我们的大学永远不会完成……"❺ 校园为不同的人提供着不同的风景。校园生活伴随着我们成长的记忆，从清华到北大，从西北到东南，在不同的校园里做设计是一种非常好的经历，因为带着曾经的感受又回到了久违的校园和最初的熟悉。

❹ 苏力. 走不出的风景 [M]. 北京：北京大学出版社，2011.
❺ 约瑟夫·赫德语，他首次将现代建筑介绍到哈佛。

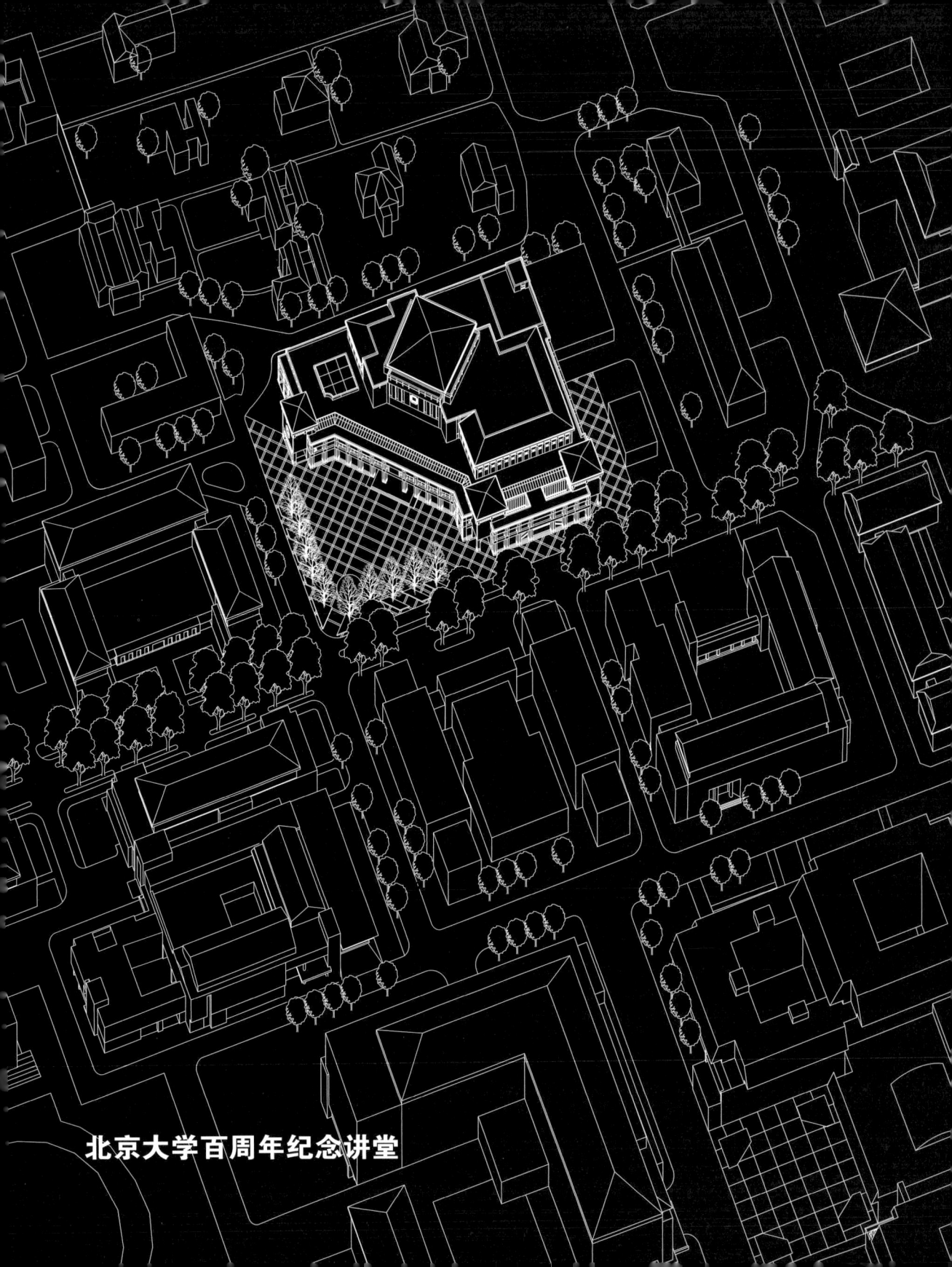

北京大学百周年纪念讲堂

承燕园百年风貌，展建筑时代特色

——北京大学百周年纪念讲堂创作谈

北京大学前身为京师大学堂，创建于 1898 年（光绪二十四年）8 月 9 日。京师大学堂具有完整的组织形式，它的建立标志着中国人兴办近代大学的开端。1998 年将迎来北京大学建校的百年庆典。为此北京大学从 1996 年开始筹建百周年纪念讲堂，邀请了国内外多家设计单位进行设计竞赛，笔者所作方案中标并实施。纪念讲堂内容包括 2220 座讲堂、400 人多功能排练厅、纪念大厅及相应的服务用房，可供集会、放电影及大型文艺演出使用，以弥补学校多年没有正规礼堂的缺憾及满足在 21 世纪初建成世界一流大学的需要。

北京大学现址为燕京大学旧址，早年校舍为美国建筑师墨菲（Henry Killam Murphy，1877 年—1954 年）规划设计。校园建设吸取中国传统建筑的要素，顺应校园的自然景观，采用园林式布局，形成了独特的建筑结构体系和景观文化。新中国成立后，校园进行过几次大规模的改扩建工作：一是 20 世纪 50 年代初的校园扩建，建设了东区包括哲学楼在内的多栋建筑；建筑形式为复古主义，布局多为三合院，与校园环境十分和谐。二是 70 年代的建设，以图书馆、电教中心为代表；由于当时特殊的历史原因，建筑形式单调。三是 80 年代开始的理科楼的规划与建设；由于注重了对传统建筑文化及校园文化的研究，规划工作取得了很大的成果。到了 90 年代，随着理科楼群的竣工，图书馆新馆、光华楼及百周年纪念讲堂、资源楼等工程全部展开，校园建设迎来了又一个高峰。笔者结合百周年纪念讲堂的方案，谈一下个人在传统建筑的文化与现代建筑创作上的收获与体会。

一、燕园建筑环境特色

燕园地处原淑春园遗址，为燕京大学旧址，由美国建筑师墨菲于1920年规划设计，早年建筑面积达2.5万平方米。在规划布局上，墨菲将中国四合院空间加以凝炼，形成 π 字形平面构图。三面围合，一面开放，满足私密性与开放性的要求。由于这种三合院具有高度的灵活性和联系性，从20世纪30年代到80年代，尽管建筑内部平面和建筑单元的群体组合有所变动，但建筑单元的室外空间仍保持了三合院空间的可连续性。北大校园正是利用这种三合院的有机法则，沿空间构架的几条控制线纵深发展，从而形成了校园的整体构架。

规划之始，建筑师非常注意与周围环境及建筑风格的协调，以保证校园的整体有机性。当时校园周围多为私家园林，具有浓烈的古典园林风貌，为保持同周围环境的一致性，校园建筑形式多采用中国古典风格——灰色的屋顶、白色的墙面、红色的柱子及厚重的石台基。

燕园早期建筑平面设计满足功能要求，建筑立面造型上用近代新技术、新材料以不同手法再现中国传统建筑形式。大屋顶、倒挂斗栱、仿制梁枋成了这一时期教会大学常用的构件。其结构形式除了采用砖木混合结构外，

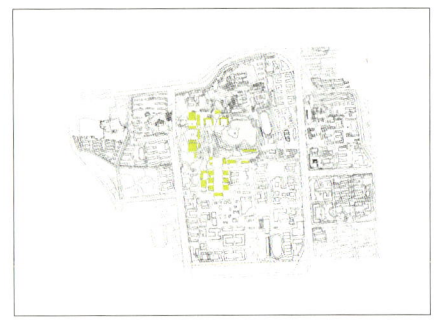 

20世纪50年代，院系调整，北大校园进行了大规模建设，先后建设文史楼、哲学楼等教学楼，建筑形式以坡屋顶、灰墙面为主。

北京大学前身为京师大学堂，创建于1898年（光绪二十四年）8月9日，至今已119年。北京大学现址为燕京大学旧址，由美国人亨利·墨菲设计，南北轴采用"十"字形，形态的核心从书院式的单一主轴核心向多核心发展，建筑形态采用中国传统建筑风格。

亦开始采用钢筋混凝土框架结构。这些大屋顶建筑在校园中成组布置，创造了具有中国传统文化特征的校园环境。

北京大学在多年的更新与再发展的过程中，逐渐延续了人们习惯的约定空间，如"未名湖、老图书馆前的大草坪、三角地、柿子林"等，这些特定的空间为北大人提供了聚会、休息、信息交流的多重场所，同时，也从一个侧面反映了北京大学特定的文化。

二、总体环境规划

百周年纪念讲堂建于著名的"三角地"北侧，原礼堂旧址处。地段环境并不优越：东面临电教楼，南面为待改建的学生宿舍活动区，北面为学生食堂，没有扩展的余地。纪念讲堂在总体环境设计中，充分考虑环境因素现状，尊重周围环境，随境而生，以朝向东南面的纪念广场为中心，环绕布置建筑，合理解决校园人流、车流相反的矛盾，使建筑的体量与周围环境相协调，完善这一区域的规划。

纪念讲堂主体退后并旋转 45°，巧妙地解决了 2220 座剧场的大体量及舞台合理使用的高度与环境的协调问题。东南向的广场为自身的体量及周围的建筑提供了缓冲空间，同时也容纳了原"柿子林"的空间。建筑环绕

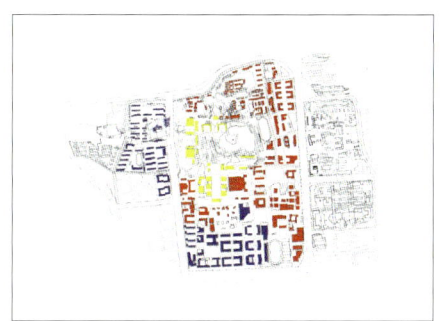

20 世纪 70 ～ 80 年代以来，兴建了图书馆、理科楼群、东西部学生宿舍、西部住宅区等，校园功能日趋完善。

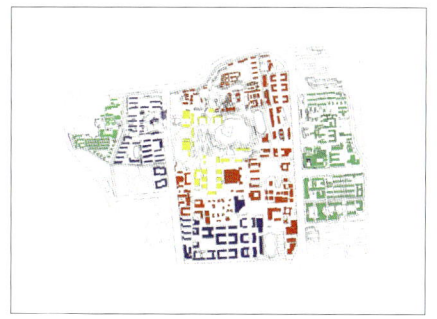

2000 年前后十余年内，北京大学新建了新图书馆、百周年纪念讲堂等项目。校园建设迎来了又一个高潮。

广场布置，两翼前伸，恰当地保证了原"三角地"的空间尺度，建筑在朝向"三角地"的部位也做了相应处理，使这里仍为人们发布信息、进行交流的场所，满足人们旧日的习惯。

克里斯托夫·阿历克山德尔（Christopher Alexander）在谈到有机秩序时强调："在总体上，应该使环境作为一个有机体而协调发展。同时，对个体建筑和室外空间应留有足够的自由度，使它们适应不同的需要"。在校园规划中，正是注重了保留原有的绿地、寻求内在的秩序，达到校园整体环境的和谐与统一。

纪念讲堂总体规划充分利用广场空间而缓解邻里建筑的压抑；在路口设百年纪念亭，从空间上界定广场；舞台体量后退，增加进深感，使人们从纪念亭、纪念广场到纪念大厅的过程中充分体验纪念的主题；同时利用舞台高耸的实墙为对景，巧妙地解决了剧场建筑舞台的体量高度很难处理的问题，从而使环境在局部与燕园整体环境达到了完美的平衡，形成一种自然而有机的内在秩序。

三、建筑形式与功能的统一

建筑随环境而存在，外在形式非常重要，尤其是纪念性建筑；但一个优秀建筑的内部空间创意及良好的舒适度同样重要，一个好的建筑外部形式与内部空间应是协调而吻合的。对剧场建筑来讲，其内部空间及对各个技术专业的满足程度更为重要。一个有意味和有文化追求的建筑，首先应从内部空间的表达开始，建筑形体应是内部空间的综合反映，通过内外空间的融合、对比、穿插使建筑本身逐步丰富并具有更深的哲理与内涵。

纪念讲堂在设计中以舞台为中心，承接侧台、后台、观众厅和纪念大厅，缩短人流交通路线，复合使用空间，利用岛式舞台的概念，扩大使用功能，满足学校使用特点和要求。

建筑一层柱廊连贯建筑形体，正面布置纪念大厅，左右各有楼梯引导人流上到二层的多功能排练厅和观众休息厅，纪念大厅利用玻璃墙与纪念广场相隔，远望纪念亭，将外部自然景观引入室内，内墙的实墙面做石材雕饰，强化纪念主题，休息厅在墙面及地面处理上突出校园特点，强调纪念性和文化性。

观众厅按最佳视线设计，同时在空间上充分满足声学要求，创造严谨、宏大、热烈的百年纪念讲堂气氛，观众厅侧墙及顶部结合二层楼座的挑台均做细致处理。设计将部分室外材料引入室内，使人在游览整个建筑的过程中，体味到空间的完整与和谐。

多功能排练厅考虑综合排练和小型演出的需要，平面设计及空间设计活泼、生动，满足多方面使用要求。乐池考虑升降几个高度，既可扩大观众席座位，又可升起成台阶状，供平时开会时摆花及上下台使用。舞台预留 15 个升降块，供日后改造时使用。

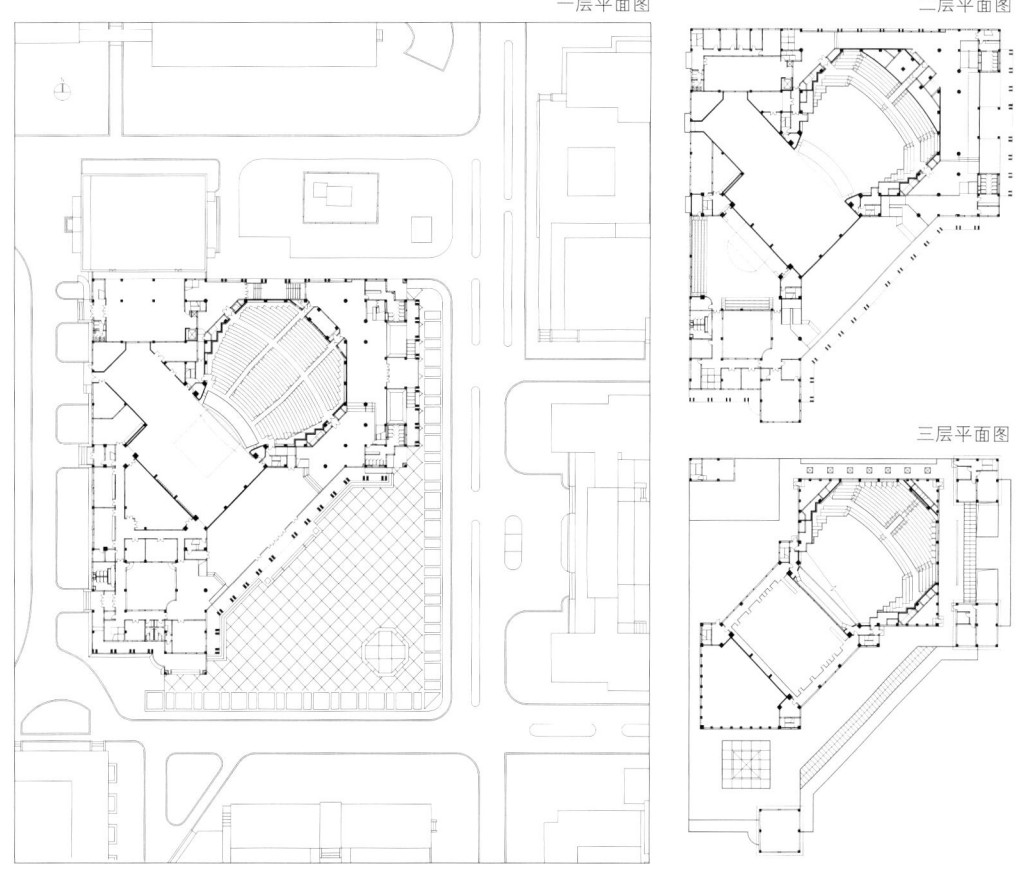

一层平面图

二层平面图

三层平面图

四、传统建筑精神的契合与现代建筑设计的创新

伟大的作家雨果曾这样评述建筑："最伟大的建筑物大半是社会的产物，而不是个人的产物……它们是民族的宝藏，世纪的积累，是人类社会才华不断升华留下的残渣。总之，它们是一种岩层，每个时代的浪潮都给它们增添冲积土，每一代人都在这座纪念性建筑上铺上他们的一层土，每个人都在它上面放上自己的一块石。"

百周年纪念讲堂正是本着这样的初衷，力求吸取传统建筑的精神，在充分满足功能空间的基础上，在建筑的营造上利用现代建筑设计经验进行创新设计，使建筑既和谐于环境，又带有时代的印记。

在中国的传统建筑中，"塔"形成了一个有系统的地标形象，甚至成为人们感情的维系中心。纪念讲堂的群体形态处理正是遵循这一经验，以舞台为中心层层落下，以舞台高耸的体量统帅群体，从而使向心的纪念广场本身成为实质、心理与感情的中心，成为学生、教师及各方人士相互交流的中心。

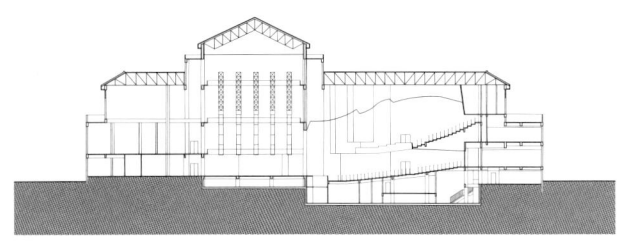

剖面图

形体上建筑分层处理，减少体量以与校园环境相协调。屋宇处理采用现代手法，只是在建筑角部及主舞台顶部顺应内部空间结构加一些屋顶。利用双柱廊的空透和突出墙面的质感来表达建筑体面关系，把室内空间、照明与校园自然景观连成一体，使建筑无论在尺度上，还是意境上都与北大校园相融合，并以自己独特的姿态脱颖而出。

校园的规划与建设，尤其是具有传统历史的老校园的扩建、改建，应着重于自我更新与再发展设计，对校园文化、建筑文脉应给予高度的重视；同时，科学的发展和现代节奏的改变，亦使我们不能再用20年代、50年代的眼光与手法进行建筑设计。优秀传统建筑文化的继承与发展、提炼与创新是当代每一位建筑师面临的课题。我们应以积极的态度去研究中国优秀的传统建筑文化，进而创造能满足当代人、社会、环境和时代所需的文化建筑。

（原载于《建筑学报》1998 年第 5 期）

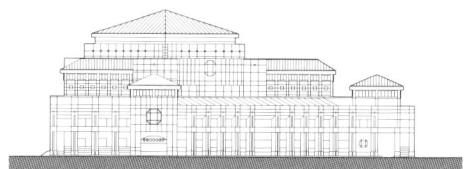

南立面图

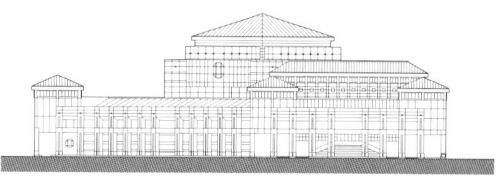

东立面图

北京大学求学偶得

——写在北大百周年纪念讲堂竣工后

北京大学百周年纪念讲堂是为庆祝 1998 年北京大学建校 100 周年而建。实施方案为国内外多家设计单位竞赛获胜方案。

讲堂于 1998 年 5 月 4 日举行首场音乐会，随着中央乐团、中央芭蕾舞团等国内外艺术团体的多次演出，得到了很好的评价。至 2000 年 5 月，各个厅堂陆续装修完毕。北大百周年纪念讲堂以全新的姿态融于燕园秀景之中。

在北大做设计有两种特殊的待遇，一则是独特的自然环境及北大特有的人文环境，二则是北大管理人员之敬业及人文思想之活跃而带来的极度挑剔。这为建筑设计的深入带来了积极的影响，至今回忆起来仍颇有感触。

一、关于环境

"燕园"一名来自燕京大学，校园由毕业于耶鲁大学的美国规划师亨利·墨菲于 1921 年利用早年的淑春园遗址重新规划设计。校园以指向玉泉山上的塔为中轴线展开，形成了前方布局严谨的教学区和后面环湖的风景区。湖光塔影、画檐飞栋、翠瓦红门，燕园确是"美轮美奂"（司徒雷登），实现了当初校园规划体现中国传统建筑思想的景象。著名学者侯仁之先生这样评述："燕园是在古典园林的基础上，为现代化建设的目的而进行规划设计并取得成功的一例"。

纪念讲堂建在北大著名的"三角地"北侧，原"学四食堂"旧址，紧邻燕南园。设计时为了协调燕园旧有的尺度，建筑体量逐层退让，并创造了一个 45° 斜向视轴，遥望东南方向北大红楼，以强调建筑的纪念主题。2200 座会堂及附属设施体量庞大，为改善建筑体量，建筑主墙面采用颜色

较深沉的色彩，门廊浅色，石材分割尺寸缩小，大小错缝，增加建筑细部设计，在突出建筑纪念性的同时，呼应人的尺度，创造良好的室外环境。

设计初始尽量保留"三角地"并延续其功能涵义，使讲堂前广场成为学校特有的交流空间。精心设计的斜向花池可靠可坐，中心的青杆树为广场增添了一道绿色。在演出之际及平日的学习生活中，纪念广场已成为学生日常交流的重要场所。

二、关于文化

北大学人孜孜以求的人文追求，对自由思想的终极关怀，对诗意人生的无限眷顾，与整个燕园水乳交融。王义遒先生强调用"文、雅、序、活"四个字来概括高品位的学校文化环境，且"任何人进了校园就觉察到一种文化，感受到一种科学与人文的气息"。学校有高于社会的文明格调。景观布置、建筑设施、一草一木、一水一石都给人以美好的欣赏与陶冶；群体的行为举止体现相互尊重、真诚相待、彬彬有礼的高尚风貌。文、雅、序、活相辅相成，构成一个统一的有机整体，共同组成高品位的育人环境。

或许这是一种境界吧！在讲堂设计的过程中，我们尝试着这种追求。纪念讲堂依学校特点将单一的休息厅分为纪念大厅和休息厅两部分，轴向联动，上下贯通，强调变化的交融。地面上五线谱的连音将各个厅堂串为一体，并导向出入口。室外建筑材料在室内重现，错动生律产生强烈的音乐感，中心天井与咖啡厅的连通独具情调。大厅及休息厅极有特色的天窗与建筑外形内在呼应，使建筑空间内外交融，并在建筑的第五立面上得到升华，成为连接休息厅、纪念广场、绿化和阳光的"场"，成为人们相聚的中心、向往的天园。

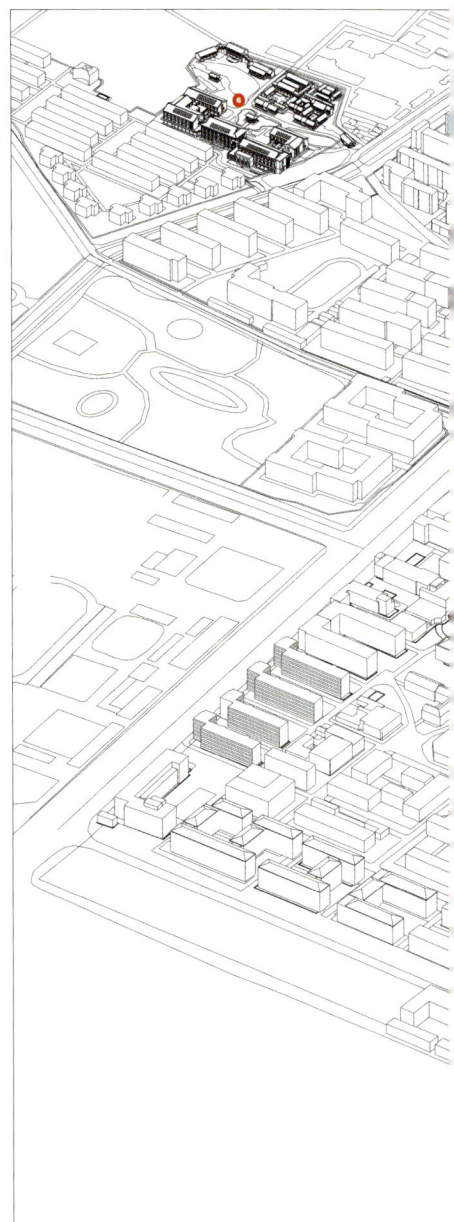

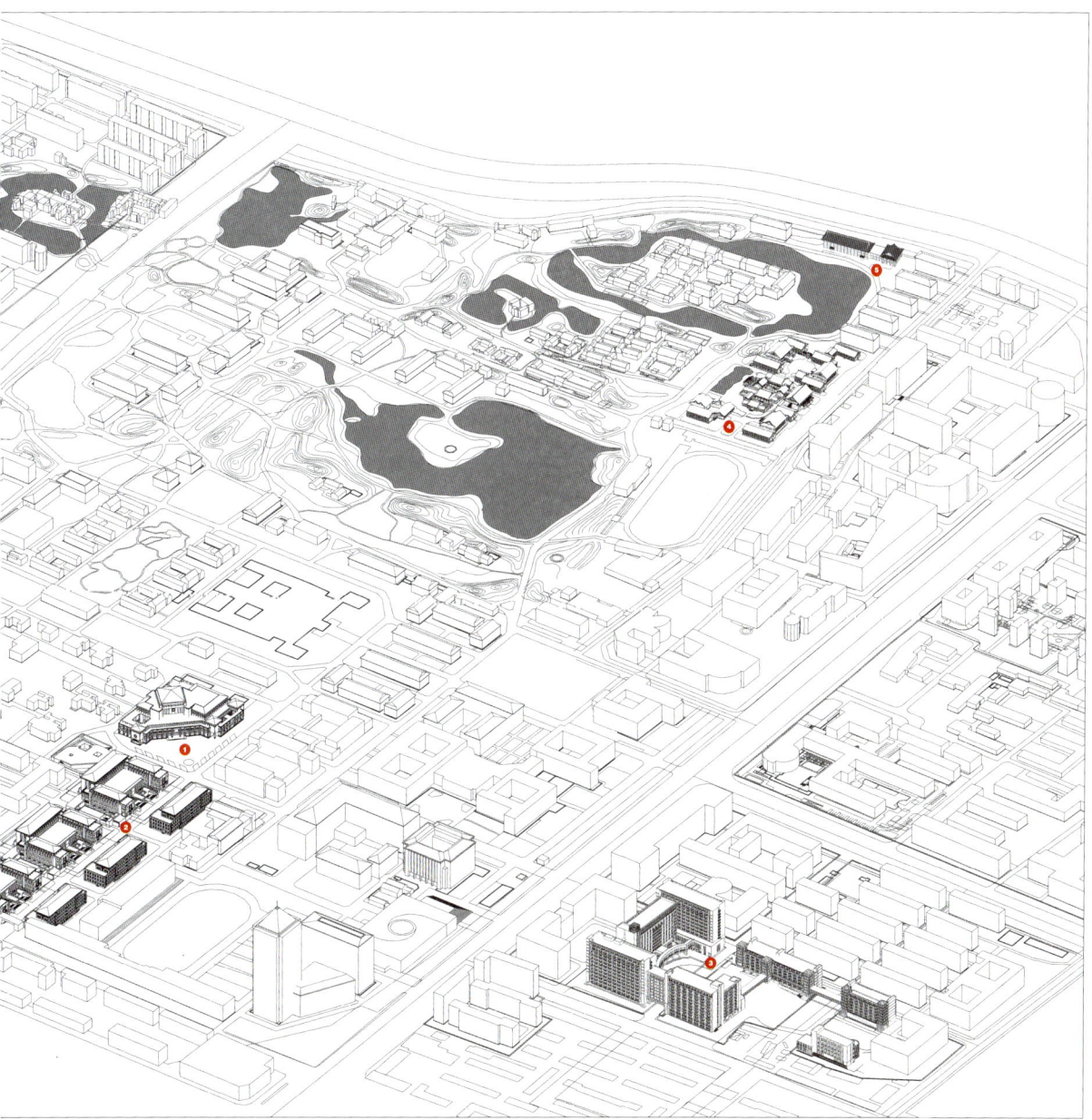

北京大学整体鸟瞰

1 北京大学百周年纪念讲堂
2 北京大学南门区域教学科研综合楼
3 北京大学留学生公寓
4 北京大学人文大楼
5 北京大学科维理天体物理研究中心
6 北京大学国家发展研究院

三、关于创作

套用北大著名学者冯友兰先生的说法，研究学问，要追求"接着讲"，而不只限于"照着讲"。亨利·墨菲当年凭他的理解，汲取中国传统建筑要素，用现代的设计手法规划设计了燕园，取得了后人的赞誉。但据一位清华老学长讲，早年梁思成先生在讲学时会将墨菲的建筑当做不符合中国建筑的反面教材，对许多不地道的地方——指出。可见墨菲并没有照搬古代的传统，而流露着一种西方人对东方建筑的情感。

著名学者陈平原 2000 年 3 月在北大演讲时说：现在学术界流行思路是走出国门，寻找"最新的"理论与方法，套在自家的研究中。表面上看，走得很快，早就"与国际接轨"了，但实际上一直跟在别人后面，永远"拿来"的不是好办法。"中国经验"不应该只是研究中的"原材料"。"嫁接"本土经验的研究思路亦属于"滋补"而非"急救"。建筑创作面临同样的问题，如何真实地体验一个建筑，胜于单纯的形式模仿与表达。

北大学人讲研究强调的不仅是一个课题，而是一种极好的情感、心志以及修养的自我训练。这或许是对我几年来工作的最大启迪吧。

四、关于北大

从 1993 年参加北京大学图书馆新馆竞标至今，重识北大已逾六年。到北大参观，老馆长林先生还总和我聊起当年我做的建筑方案。期间先后结识了许许多多北大的领导和老师，也算多了一层北大情结。

纪念讲堂还未建完，纪念广场的亭子因资金紧一直空置。为了让它不被舍去，当年春节我和结构工程师加班配合工地打下了四根桩基，以至于又留下了和北大的机缘。

一个好的作品实在有赖于业主、建筑师和施工单位的充分合作和相互尊重。北大不光提供了独特的环境也拥有一流的业主。对建筑高品质追求的默契与坚持是设计得以完善的前提，不可或缺。同时，在北大这一特殊人文环境中工作，使我们本身亦学到了许多工作之外的东西，这或许就是北大的魅力所在。

（原载于《建筑学报》2001 年第 5 期）

摄于 2015 年

摄于 1999 年校庆

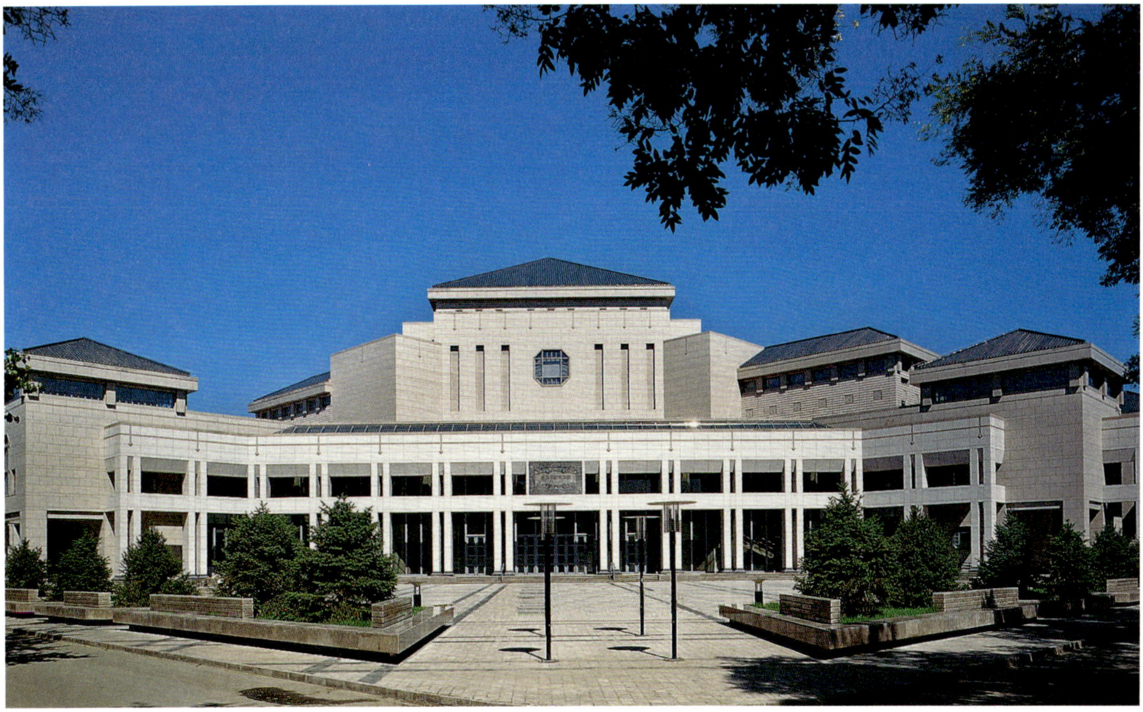

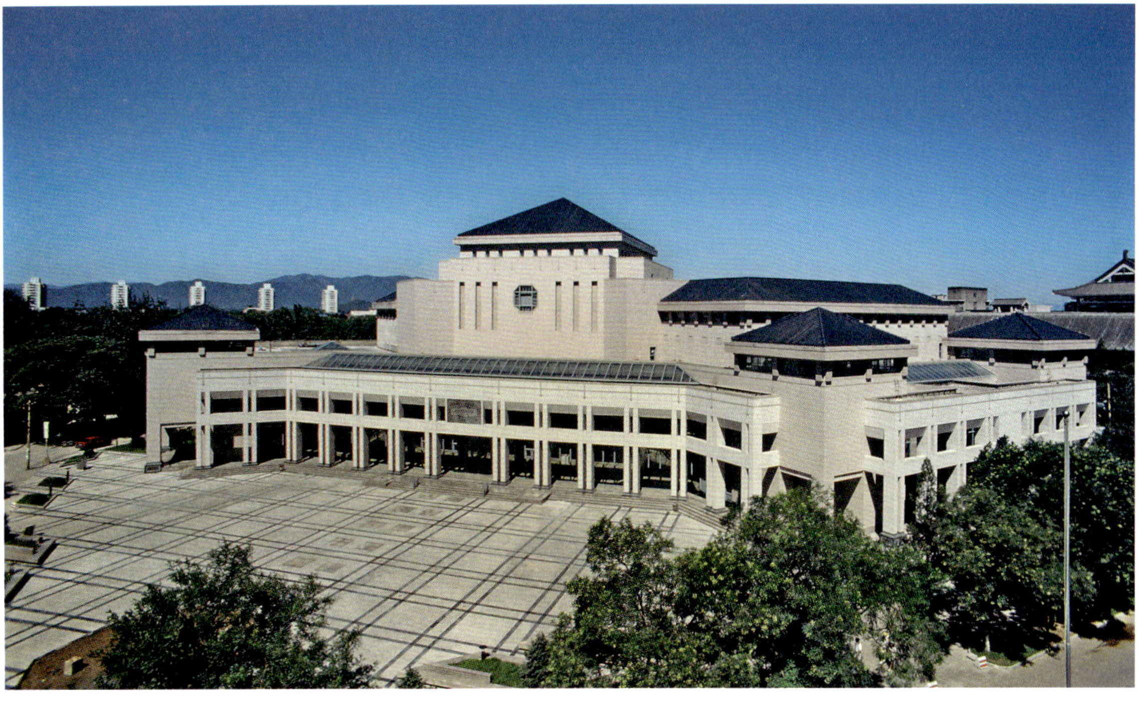

大音希声，声色并茂

——写于北大百周年讲堂观众厅声场改造完成之时

北大讲堂自 1998 年 5 月 4 日投入使用至今已过去 18 年之久。运营以来每年演出 200 场以上，中国国家交响乐团、中央芭蕾舞团等众多国内外演出团体把北大讲堂作为一个重要的演出场地。的确，特有的校园文化氛围、独特的演出环境为剧目演出创造了非常好的条件。

剧场设计是建筑师和声学设计师在复杂的空间关系中寻找最佳观演效果、视听效果的实践领域。建筑师总是希望创造一个既有难以忘怀的视觉环境，同时又能满足听众心理的声学特征要求，并且又符合声学基本原理的厅堂。

讲堂早年定位为举行全校的典礼、集会，同时兼顾电影和中小型文艺演出等多功能使用需求。当时建筑声学的处理原则是，在保证使用电声系统扩声的条件下，有良好的声场环境。因此将观众厅的混响时间设计为 1.2 秒，很好地兼顾了当时设计的多种使用功能。随着学校演出功能的加强及适应多种演出的需要，讲堂观众厅于 2015 年开始建声改造。改造后的观众厅功能定位为文艺演出、歌舞剧演出场所；在使用电声系统的条件下，兼顾会议、电影等功能；使用舞台反声罩时，满足交响乐演出功能。

原剧场观众厅室内结合二道面光、耳光及台口的处理，墙、顶一气呵成，典雅、大方。乐池升降也结合毕业典礼的需求做成阶梯状，便于上下舞台使用。此次改造观众厅总体装修效果和气氛保持不变，更换顶、侧墙的饰面材料，保证良好的音质效果。为增强观众厅的容积，将第一排观众席拆除，扩大乐池；顶棚整体提升 1.2 米，台口左右及上口的八字墙及二层挑台侧板的弧度重新设计，改善声音反射角度，加强中区的声音反射，提高厅内的混响时间，经计算混响时间可以达到 1.5 秒。

在讲堂运营五周年的纪念专刊上，北大法学院尹田教授拟文这样评价讲堂："北大讲堂是北大最重要的标志性建筑之一。姿态敦厚，色彩庄重，构思精巧，质感强烈，错落有致，时代特征明显，又不乏古朴气息。其整体造型与周围建筑浑然一体，相得益彰。……讲堂在展现北大绚丽多彩的文化元素结构的古今建筑中占有一席独特的地位，使之在北大独有的文化背景下，从一座精美的现代建筑，升华成为表现北大思想文化的一种外在

改造后反射声分析

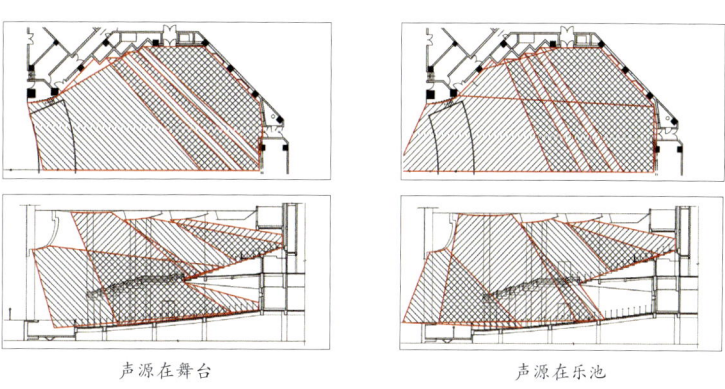

声源在舞台   声源在乐池

改造前剖面图   改造后剖面图

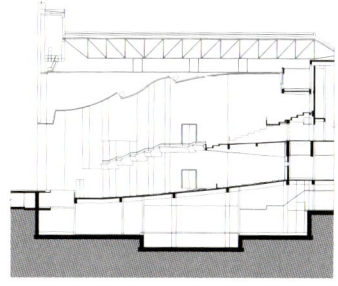   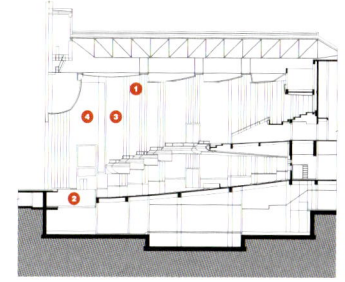

❶ 提高吊顶高度，采用曲线造型增大反射面。
❷ 乐池向外拓展 2 米，原有乐池面积 55.2 平方米，拓展后面积 93.8 平方米。
❸ 调整侧墙角度，使反射声覆盖全场。
❹ 将原有的两道耳光改为一道，调高耳光的利用率，并增大观众厅体积。

的符号，一种文化的标志。刺激、引导并塑造北大人的价值观念。……百年讲堂是北大的一颗活的心脏，而心与心的交流与共振，营造了讲堂活的灵魂。……缺少讲堂的北大，是一个不完整的北大。"

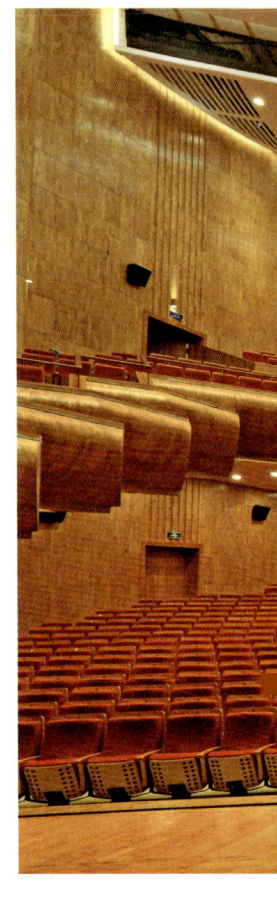

讲堂内的许多场景在十几年的使用中已与学生的生活密不可分。建筑内部的庭院与咖啡厅独具情调，让北大学子流连忘返。有文写道："它面积虽小，却因地制宜，不拘格套，自成一体。阳光从造型别致的玻璃屋顶洒落下来，处身其中还真有几分坐拥四季，看花开花落、月圆月缺的闲适之感"。《北京晚报》2002年8月1日曾有文章介绍北大建筑，对北大讲堂给予了如下评价："讲堂由最高点35米向周围降到22米，最后降到13米，使讲堂无压抑感并与周围建筑协调。……地面用音符沟通，屋顶上开天窗增加采光、室内外适当位置绿化、使建筑室内外交融，最终在建筑'第五立面'上得到升华，成为连接休息厅、纪念广场、绿化和阳光的'场'，使这里继续成为北大人向往的中心"。

这些评价从某个侧面表明，除去建筑本身之外更多的是因为建筑和学生生活密不可分的联系和使用中产生的感情，造就了讲堂在他们心中的地位。这个学生离不开的生活中心竟然让我为它服务了20年，或许这才是建筑师真正的幸运所在。

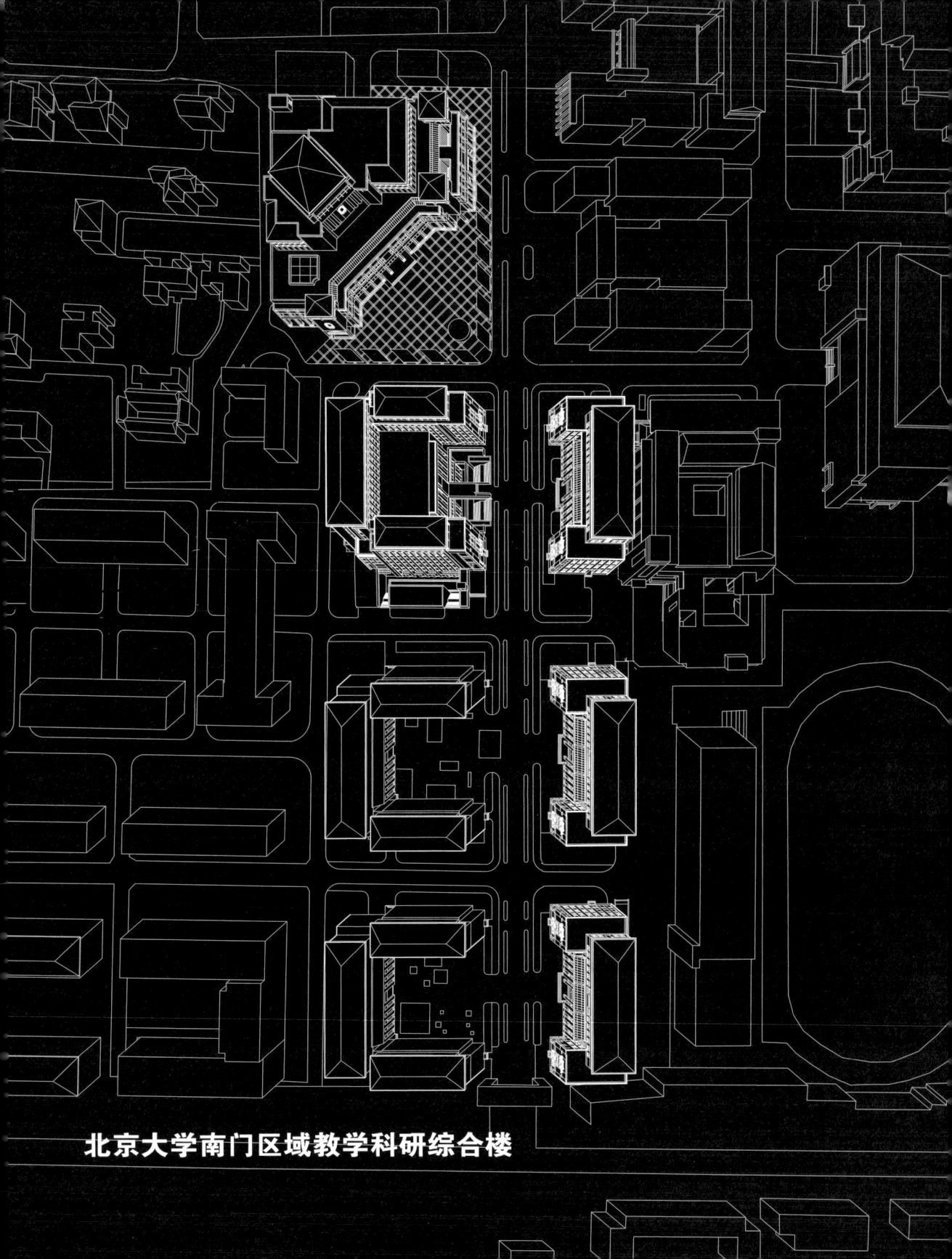

北京大学南门区域教学科研综合楼

更新之有机，随形则无意

临近北大南门有六栋灰色砖楼，校称18-27楼。这些楼是燕园20世纪50年代院系调整建设时期利用剩下的砖料建的过渡性用房，而一用就是50余年。这里先后住过许多北大的学子、工友等，今天看其中不乏名人，也就自然成了北大校园里存有记忆的地方。楼的格局为典型的"筒子楼"，也是北大孔庆东先生多次谈及文化时纵论"筒子楼"的原型。这批博士20世纪90年代末住进去时，杂乱拥挤的场面让他们的"心都飞向远方，没有一个把这里当成自己的家，楼道里弥漫着一种'末代'气息，'筒子楼'这玩意已注定到了'风烛残年'的阶段了"。[❶] 今天，虽然这些曾在此居住过的人路过时会无不自豪地说："我曾在这里居住过"，或者他们也会从对先前搬出时有了"法定"的私人居住空间的兴奋回到对往昔生活的回忆，但原有的居住生活景象"筒子楼已然成为末代乃至彻底的回忆"。如今，北大南门的这些建筑功能需求将改变为学校日益紧张的学科教研用房，为南门区域教学环境的提升带来了新的可能性。

北大南门教学楼规划区域由形制相似的三组建筑组成。三组建筑通过平面的组合，增加了街道的纵深感，形成收放有致，易于聚集、交往的场所。贴近街道的建筑东西两侧沿垂直于街道方向逐级跌落，远离街道的建筑主体则充分利用规划条件，加大建筑容量。场地内树木完整保留，环置的连廊和内庭院空间成为能够发生偶然交往和观察到空间内偶然交往行为的场

❶ 孔庆东. 末代筒子楼 [J]. 人民文学 ,2010(7).

所。在建筑中，我们着意提供既能满足师生教学需求，又能激发交流活动的人文空间，创造富有秩序感和韵律感的建筑群体空间。

建筑设计充分尊重燕园建筑的精致典雅，吸取其在空间、形态及材料、细部等方面的处理手法，延续人们对北大建筑的集体记忆。单体建筑形态借鉴原有建筑的三合院形制及建筑开窗形式等形体特征，建筑入口和沿街山墙面利用拆除的灰砖及山花经过必要的处理后砌筑而成。

校园由南至北经南门教学区、百年讲堂、图书馆，往西至静园形成了一条渐进的轴线，其两侧分布各个院系学科的教学科研建筑。南门教学区

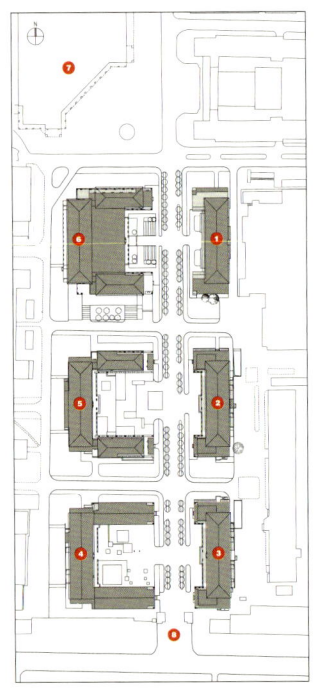

总平面图

❶ 北京大学教育学院
❷ 北京大学对外汉语学院
❸ 北京大学新闻与传播学院
❹ 北京大学马克思主义学院
❺ 北京大学数学学院
❻ 北京大学学生服务中心
❼ 北京大学百周年纪念讲堂
❽ 北京大学南门

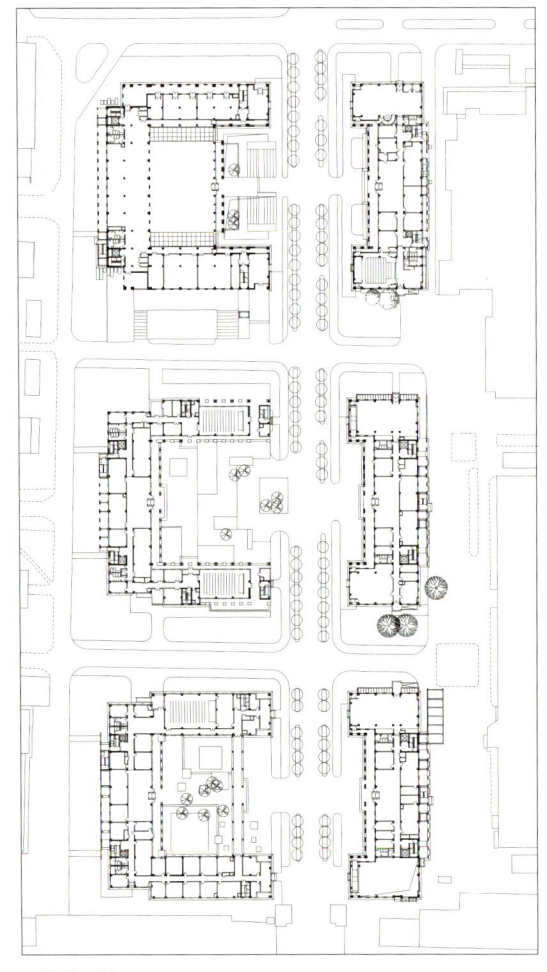

一层平面图

建筑采用四坡顶的屋面形式，也旨在协调这一区域教学建筑的屋顶形式，形成丰富而雅致的群落形态。

北大南门的"筒子楼"四年来一天天地在悄然改变，原来惊讶的表情和不满的声音也变得温和，学习人员的陆续进出，使槐树下的楼体有着更美丽的身影。我相信这代学子们50年后还会看到这些新建的楼体老去。而我同样坚信，经过改造与规划的楼体会随着时间而更加具有魅力。或许那时只需要更换老去的花木，适度的维修和调整，就可以迎来新一代的学子驻步立学。

对于不理想的生活环境，不能因为片面的感情回忆而不予以改善，无视生活及居住环境的感想不能解决实际的问题。在研究校园发展的脉络上，有效地把北大各个时期有特点的建筑保护起来，适宜利用并留有足够的发展空间，把没有代表性的建筑整合、更新、改建，同时完善日趋多元化的校园功能是当务之急。容量改变及建筑体量的加大为建筑设计带来极严格的限制的同时，也带来了创作的契机。

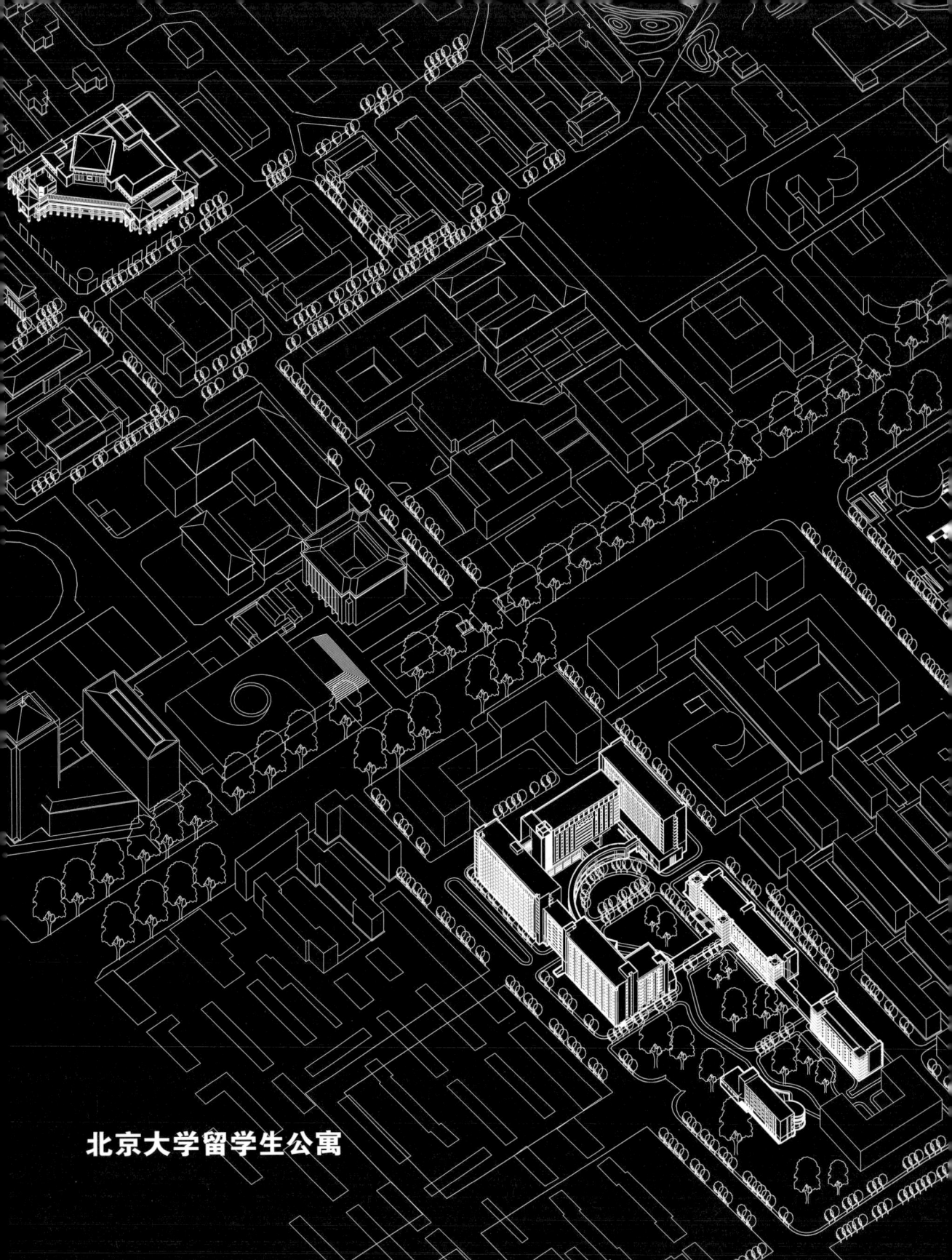

北京大学留学生公寓

"留学"北大记事

　　北京大学留学生公寓位于北京市海淀区中关园。当年参加项目设计竞赛时，我更惦记马路对面北京大学乒乓球馆的设计竞赛结果。虽然最后未能如愿，但是今天看来我当时提出的设计方案及理念还是有着它的道理。建筑朝向城市开口，体量向天空开敞，给中关村大街带来了新的景象和行人驻留的地方，这也是当下大学与城市交融、建筑与城市共同培育情感的重要所在。北京大学留学生公寓从设计中标至竣工历时六年，岁月的光辉记录了建筑丰富的表情，原址留下的古树为园区提供了生动的景象和曼妙的光影，而"留学"北大的设计经历也带给我更多的记忆与收获。

　　北京大学留学生公寓是国内最大的集住宿、餐饮、会议、办公、文化交流、健身娱乐于一体的综合性公寓园区。园区主入口开在北侧中关园住宅区的西侧路上，利用西侧及北侧形成循环车道，有效解决园区人车分流问题。公寓园区利用合理的道路及内聚的庭院空间将各功能入口相区分，餐饮区以现状古树为中心形成入口空间；康乐区与各功能区相连通，形成地下康乐休闲街，与各功能区地下连通，使用管理极为方便。

　　建筑功能布局充分考虑留学生学习、生活的习惯与特点，在学生公共交通处布置餐饮服务、商店及自习室等公共服务设施，利用景观优势，营造怡人的空间环境。学生宿舍区为长期居住的学生使用，分为一室、二室、三室不同的公寓类型，各部分宿舍楼均有独立的对外入口，便于使用。餐饮分为南北学生餐厅、北侧东部快餐厅和西北侧客房区特色餐厅及宴会厅，满足不同人员的要求。

建筑形体与空间形态及内部功能相吻合，整个园区充分调动原有的自然景观及环境要素，形成由西向东渐渐升起的庭院景观。园区保留全部现状古树，与自然景观相依相融，随境而生。利用地形的高差应景错落，建筑形体沿东西轴线逐渐升起的期待感受，形成并延续了视觉冲击力，扩展了空间的领域，拓宽并印证了构思的主题。建筑单体结合公寓建筑的使用特点，为学生营造开敞的视觉及舒适的室内生活环境；多层公寓建筑两两相间，利用公共学习室的公共空间点缀形体，形成丰富的形体群落。建筑底层充分考虑为周边社区利用的可能性，北侧布置特色餐饮、银行，满足附近居民需求；中部利用阳台的玻璃体现舒适的居住特征；顶部檐下空间

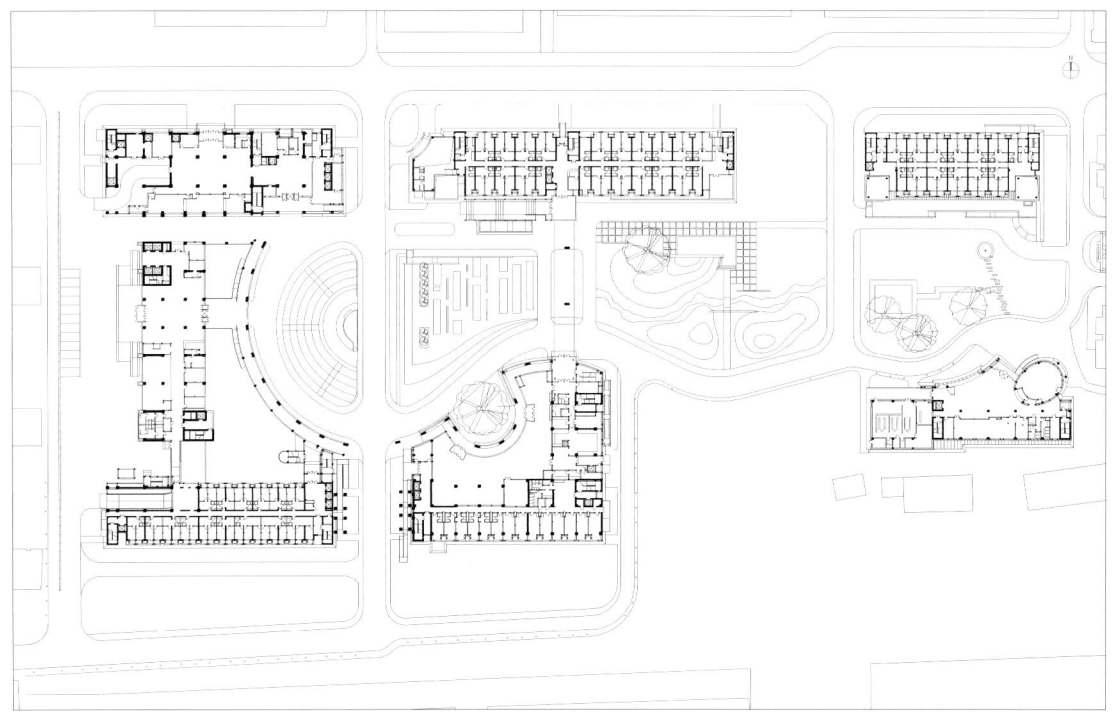

一层平面图

利用露台内退及柱廊的比例变化，使限高 45 米的天际线变得轻盈飘逸。在建筑入口及转角处利用实墙面与玻璃的对比，表现出建筑形体的变化与形态特征。

回北大"留学"的 6 年时间里，我又参加了北京大学人文大楼、北京大学国家发展研究院及北京大学南门教研区改建等多个设计项目，连同早年设计的北京大学百周年纪念讲堂，共完成了 6 个组团的教学建筑设计。我觉得能够主持北京大学新时期的多个项目设计，完善北大校园最大片区的规划，实地探索传统校园的有机更新与建设，真是十分荣幸。

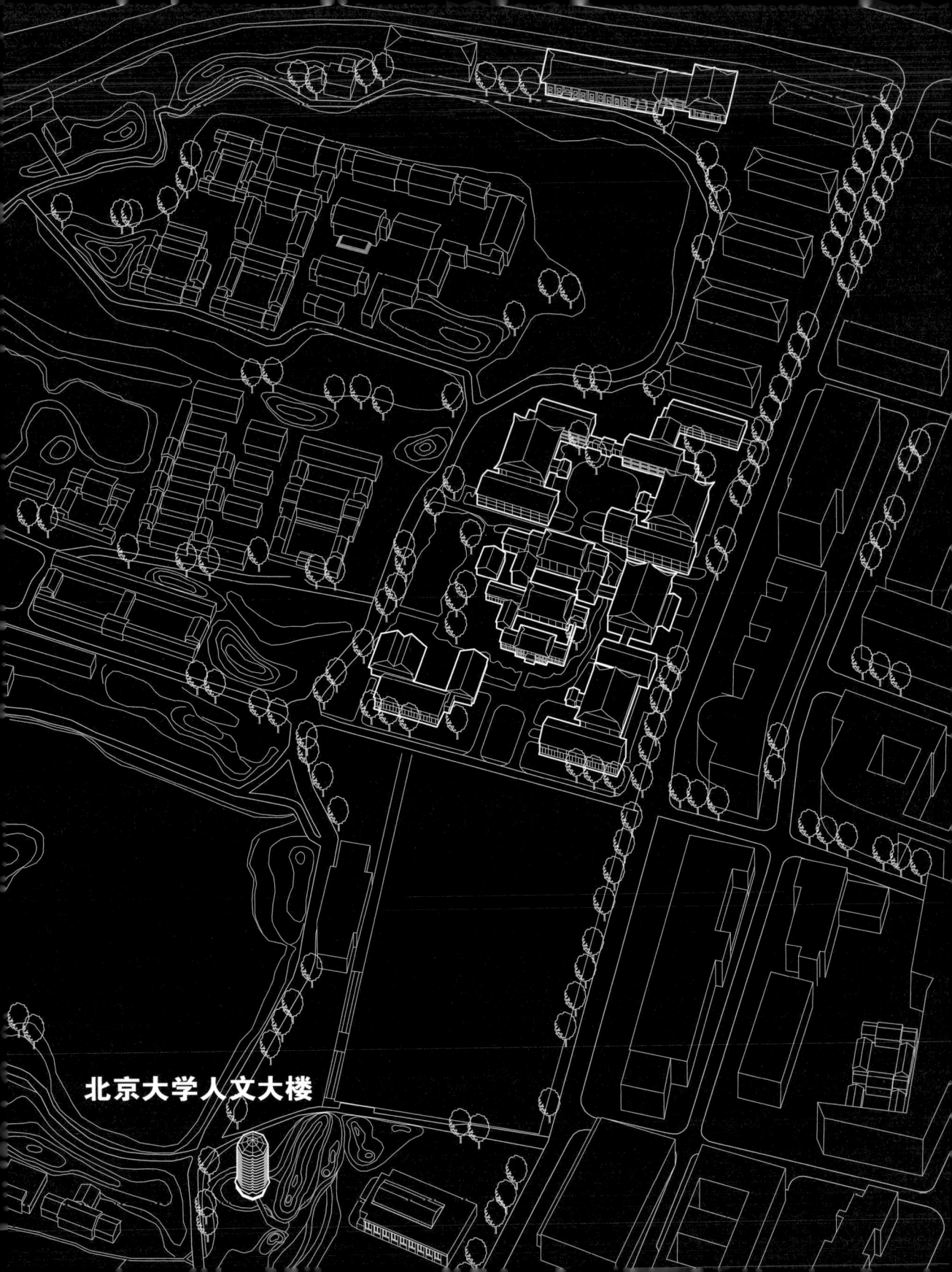

北京大学人文大楼

万树春花明似镜，盈畴兰蕙愿意贤

——清代赐园（镜春园）改造尝试与实践

开篇

北京大学人文学苑由北大久负盛名的三个院系——中文系、历史系、哲学系组成，2006 年选址未名湖东北侧的清代赐园——镜春园，筹建北京大学人文大楼（现名李兆基人文学苑）。建设用地 2.53 公顷，西临鸣鹤园，北临朗润园。清代三园相依相随，为项目的设计提供了极其丰富的场景意境与文化景象，也为其增添了不小的难度。

早在 2004 年，我曾在朗润园的北侧主持改造了一栋三层小楼及附属用房。小楼原为北大第二招待所，其附属用房零散搭建，据说"文革"期间曾为"两校写作班子"的办公用房。因功能调整，失修的建筑要么移除还原场地，要么原址维修。这一契机，使得小楼功能改造成为科维理天体物理研究中心的教学功能的用房。笔者原打算结合教学做一项研究性的设计尝试，后来经过多方比较，以及该区域列为国家文物保护区的限制，最终采用了古式屋顶做成了现在的形态。设计中既考虑从东侧望去的风景、南侧荷塘的尺度，同时也兼顾了北侧圆明园南门处的景观。项目建成后改善了周边的环境，也成了南侧不远的北京大学人文大楼尽端的风景。

一曰：考

在元大都西郊海淀丹棱沜旁的古祠中，有元上都路制使朵里真撰写的碑文："丹棱沜尚余数行，余皆磨灭。沜虽小，然忽隐乎潴，连以数里，可舟可钓，足食数口。复山丛丛，盖神皋之佳丽，郊居之选胜也"。❶ 可见，

---

❶ [清] 孙承泽. 春明梦余录 [M]. 北京：北京古籍出版社，1983:1304.

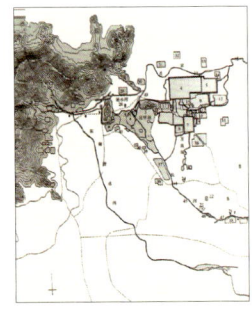
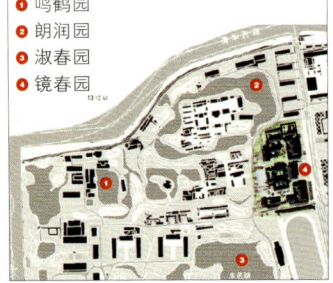

❶ 鸣鹤园
❷ 朗润园
❸ 淑春园
❹ 镜春园

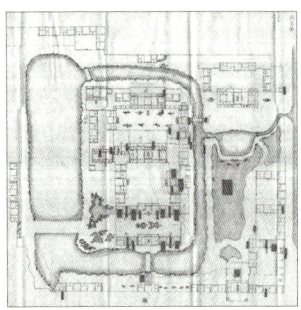

清代海淀诸园分布图　　北京大学人文大楼所在地园林分布　　镜春园样式雷图

早在元朝，海淀丹棱沜地区已经成为大都人郊游、郊居的名胜风景区。到了明朝，由于周边有着丰富的水资源以及优美的自然景观环境，北京西北郊地带私家园林的建造已经开始逐渐盛行。

康熙初年，康熙皇帝在京城周边大兴苑囿建设，并于康熙二十九年前建成"畅春园❶"。畅春园建成后，康熙常年居住于此❷。几位皇子开始在畅春园周边建造房屋。据已考证出来的园林可知，四、七、八、十阿哥的房屋应该就在畅春园周边❸，今北京大学一带。因此，镜春园以及鸣鹤园的前身便有可能是这其中的一座或者几座园林。

镜春园与鸣鹤园共同的历史可以追溯至乾隆年间依附于和珅的大学士傅恒的春和园。傅恒死后呈进了自己的赐园春和园的北半部分，园林的南部则被赏赐给了他的儿子福长安❹。嘉庆四年 (1799 年)，乾隆帝薨逝，福长安由于阿附于和珅，同和珅一起被夺爵、籍没家产❺，其中就包括其在海淀的赐园。

侯仁之教授在《燕园史话》中写道："现在的镜春园，如前所述，原

❶ [清] 于敏中等 . 日下旧闻考 [M]. 北京：北京古籍出版社，2001:1268.

❷ 中国第一历史档案馆 . 康熙起居注 [M]. 北京：中华书局，1984.

❸ 王小虹等，中国第一历史档案馆编 . 康熙朝满文朱批奏折全译 [M]. 北京：中国社会科学出版社,1996：495.

❹ 福长安，权臣傅恒之子，曾任正红旗满洲副都统、武备院卿，领内务府，累迁户部尚书，曾与诸勋臣一起得到绘像紫光阁的荣誉。

❺ 赵尔巽 . 清史稿 [M]. 北京：中华书局，1979：10452.

是乾隆年间从淑春园中划分出来的，最初叫做春熙院。后来春熙院又分作东西两部，东部较小，赐给了嘉庆帝第四女庄静公主，改称镜春园"。时在嘉庆七年(1802年)，这应该是镜春园得名之始。

嘉庆二十二年以后，镜春园被赐予了睿亲王淳颖第六子裕恩。裕恩死后，镜春园在嘉庆末道光初被内务府收回。道光七年(1827年)，镜春园赐予道光帝第五子惠郡王绵愉❶。道光二十一年，道光皇帝四女寿安固伦公主下嫁给德穆楚札克布住，赐居镜春园，称为"四公主园"。寿安公主去世时，恰逢庚申之变，镜春园被英法联军洗劫，之后残毁的镜春园被内务府收回闲置。

经过咸丰、光绪两朝的两次被劫，北京西北郊的园林已经破败不堪。辛亥革命后，军阀割据独霸一方，镜春园与鸣鹤园也再次惨遭洗劫。1976年唐山大地震使镜春园与鸣鹤园内仅存的部分古建筑受到损毁。震后园内私搭乱建现象频繁，不但破坏了古建筑的外观，还改变了园林建筑的整体格局，园林逐渐失去了旧日的风采。

二曰：保

燕园建筑因其地段的特殊性和文化承载力亟需保护，自20世纪90年代起北京大学相继完成了文物保护区规划，并成为国家文物保护单位。

1990年2月，北京市人民政府公布了北京市第四批文物保护单位，"原燕京大学未名湖区"被列在其中。1991年3月，在建设部规划司、国家文物局和中国建筑学会联合召开的近现代优秀建筑评议会上，原燕京大学未名湖区被专家们建议引入"全国重点文物保护单位"的备选名单。1992年4月，北京市人民政府对"第四批文物保护单位"中的15项公布了保护范围及建设控制地带，其中包括原燕京大学未名湖区。2001年7月，国务院公布了"第五批全国重点文物保护单位"，"未名湖燕园建筑"被列在其中的"近现代重要史迹及代表性建筑"中，"原燕京大学未名湖区"更名为"未名湖燕园建筑"。

---

❶ 绵愉(1814-1864)，是嘉庆帝第五子，恭顺皇贵妃钮祜禄氏所生，生于嘉庆十九年。嘉庆二十五年道光帝登极时，封绵愉为惠郡王。道光十九年进封惠亲王。

查阅多幅样式雷❶图文档案，可以看到镜春园建筑的原始图形。园区中部为一多进四合院，场地现状有水沟一处，四周环水。现状的多株古树、自然地貌及用地北侧的一处保护修缮建筑，为场地环境提供了最初的信息。昔日的皇家赐园为大学校园带来了丰富的景观及文化映像，这些许久被遗

❶ "样式雷"是对清代200多年间主持皇家建筑设计的雷姓世家的誉称。中国清代宫廷建筑匠师家族：雷发达，雷金玉，雷家玺，雷家玮，雷家瑞，雷思起，雷廷昌等。

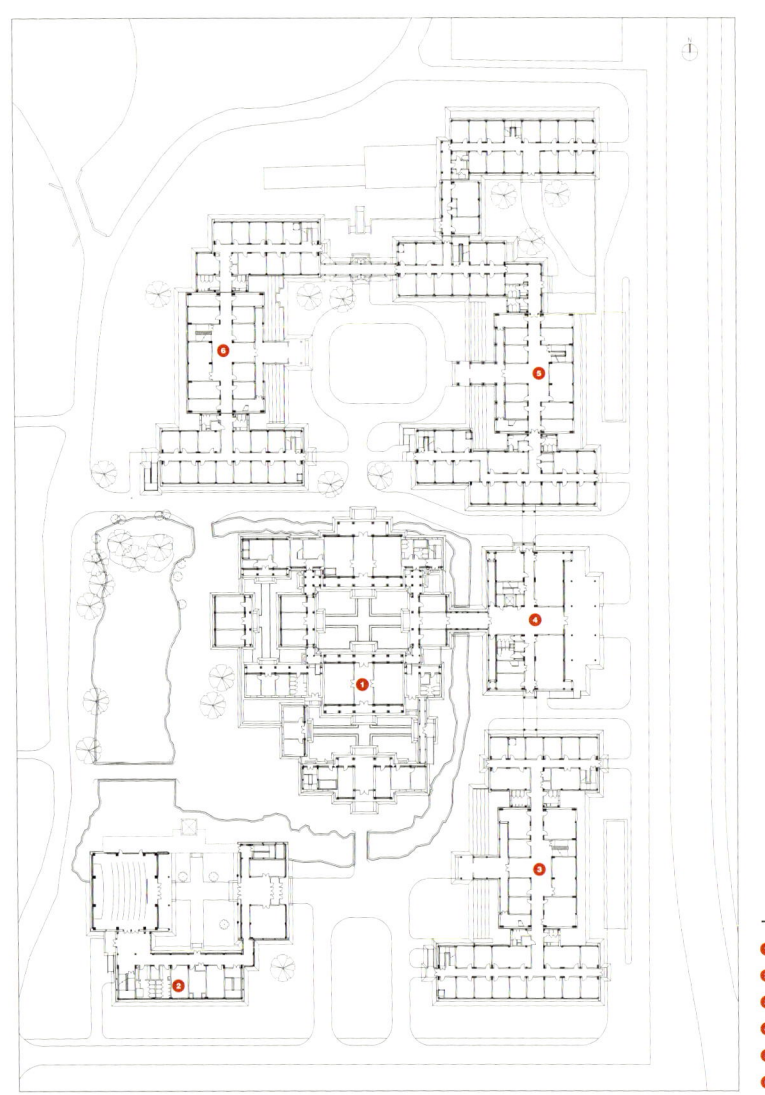

一层平面图
❶ 研修中心
❷ 接待中心
❸ 哲学系
❹ 图书馆
❺ 中文系
❻ 历史系

忘的古典园林得到了相应的维修复建，同时也在校园的有机更新中日益凸显出重要的作用。

三曰：营

人文大楼的用地位于未名湖东北部镜春园旧址，规划布局在确定园区内的古树位置、中心河道基础上，复建中部四合院作为图书馆，在周边布置三组教研建筑和接待中心，建筑地上二层、地下一层，全部打开作为教学用房。每栋建筑的功能强调纵向的发展，与规划中参考原镜春园布局的水平展开的脉络相对照，表达出现代教学建筑使用的特点。

未名湖文物保护区域有着严格的建筑高度控制的规定，建筑限高9米，故整体建筑檐口设计为7.5米，每组建筑中部主楼檐口控制在9米，利用建筑进深调整屋脊的高度。悬山和歇山屋顶的利用，使建筑群屋顶相错，形成了丰富而有韵律的群落环境，各组建筑入口、汽车坡道入口等处均结合环境做了相应的形态呼应，使建筑主从有秩，与环境协调，并营造出不同场所的空间环境。

建筑立面设计借鉴了明、清建筑的形制和尺度，除去屋顶采用了定型的瓦外，其余所有的细部都有着不同的变化。在屋檐、窗台处及墙体转角的处理上，利用石材过渡，形成了不同材料的对比与转变。同时，人文大楼内部空间除了传统的水平发展，以完善功能需求在各单元处垂直连接。

四曰：求

历史上的镜春园水系，流水潺潺，树影婆娑，环绕古建筑形成一条流动的水渠。园内的水面规模随着历史的变迁已经逐渐消失，及至现代已经萎缩到只剩下东部一隅。人文大楼项目着力于梳理湖岸空间，按照样式雷图纸详细研究清朝年间镜春园的园林与建筑布局，最大限度地复原原有的水系，并将现有湖面进行适当的扩展与延伸，使园内的湖水与未名湖湖水相连，从而逐渐恢复整个未名湖北部园林的水系，藏风而又聚水，为未名湖北侧朝向东南敞开一道风景。

镜春园园内大量的古树在历次破坏中得以奇迹般地幸存下来，用地范围内具有历史价值的古树、古木等珍贵树种，在人文大楼项目规划中得以全部保留，与始建园林时的顺序颠倒，建筑见缝插针，随景而成，错落有致地掩映在林荫之中。建筑布局对西侧景区呈环抱之势，与未名湖区域整体景观相呼应。

人文大楼项目规划在尊重历史风貌的前提下，强调人文学院的历史与文化特性，设计在保留原有园林布局的基础上，注重建筑空间的纵向发展，体现出现代教学建筑的公共性、交往性。在保护文物的基础上，延续人们对古典园林建筑形象的记忆。对镜春园与鸣鹤园进行合理的再利用，使园内老建筑乃至整个园林区域更好地融入现代校园，使建筑及环境能够生长、改变并逐渐走向成熟。合理且合法地对这一历史区域进行再利用可以使人们更接近于这一历史区域，提高其利用价值。

五曰：得

人文大楼建成后受到普遍的赞誉，它使人感受到环境的和谐和心情愉悦的体验。这不仅仅是因为其有趣味的屋顶和空间的雅致，它包含着人们远观、近赏其精美与场景烘托下精神释放的感受。建筑形态受文物保护的限制所带来的信息，不是设计中最重要的表达内容。应该说这种被动或限制性的保护除去带来未名湖区域环境风格特色外的最大价值，是在今天，这里仍然为北大校园提供了一处有特殊意义的学区，有特色的教学环境。

人文大楼的设计对笔者而言可以说是一个学习的过程。从文物保护的限制中，从借鉴的设计语汇中，可以领略建筑与自然发展的过程。中国传统建筑看似经久不变、规则有序，实际上无不随着时间变化而发生着潜在的转变。中国建筑正是在每一栋建筑的细微变化之中，在材料不断完善的构造之中，成就了其独特的形式。

事物被知道和被真正的了解是两回事。人文大楼设计可以让我们对过去的建筑进行观察，进行实践性的体验和再构。历史是作为过去与现在的一种关系而表现自身的，应该在过去、现在、将来中延续地思考，去构想过去之所以被创造的意义，将对过去的解释重新用于当前建筑设计的思考，

用于思考即将到来的岁月中应该出现的建筑中的意义。

捷克首都布拉格是世界文化保护遗产，其面积为 496 平方公里；北京是近千年的古城，市域面积 16410.54 平方公里，城内元大都旧城 50 平方公里，北京大学 3.39 平方公里。可以看到，相当于布拉格面积十分之一的元大都文化保护的实际效果与布拉格相比有着极大的差距。而北京大学的面积仅仅是元大都的十分之一，未名湖文物保护区近60万平方米，这一区域文物保护要求建筑形态的相对完整从大的环境来讲是多么的必要。如果一个城市可以分区域、分片区完整保护好，对一个城市的文化将起到积极的作用。

在北大校园未来的发展中，针对新的校园规划建设要求，在保护的前提下，对镜春园与鸣鹤园内的土地使用功能进行调整，提供合理化的用地布局和便于操作的土地调整方案，从而结合古典园林创造出具有北京大学传统和特色的独特校园空间是一个积极的、有待实践检验的重要课题。

余音

道光七年（1827年），镜春园赐予道光帝第五子惠郡王绵愉。绵愉儿子们的师傅翁心存在《惠邸用前韵见贺，依韵奉酬》诗中写道："论诗理悟无声外，读易深探未画前。万树春花明似镜，盈畴兰蕙愿意贤。"而据样式雷档案记载，此时镜春园"共房一百七十四间，游廊一百二十八间，楼三间，戏台一座，垂花门二座，四方亭三座，六方亭二座，平台二间，庙五间，砖门一座，城关一座，门罩一座。"可见古代镜春园规模之大，环境之美。

如今，人文学苑共有六栋楼舍，逾360间房屋，其居者多为国内国际上学术成就显著的学者大师。许多老师搬进去后，无不感叹第一次有了自己独立的办公室。或许教授只有茅屋一间无可奇叹，但在未名湖畔的进深处又添一文化景致，无不让过往之人动情遐想。"镜春园"便又有了新的景象，新的意境。

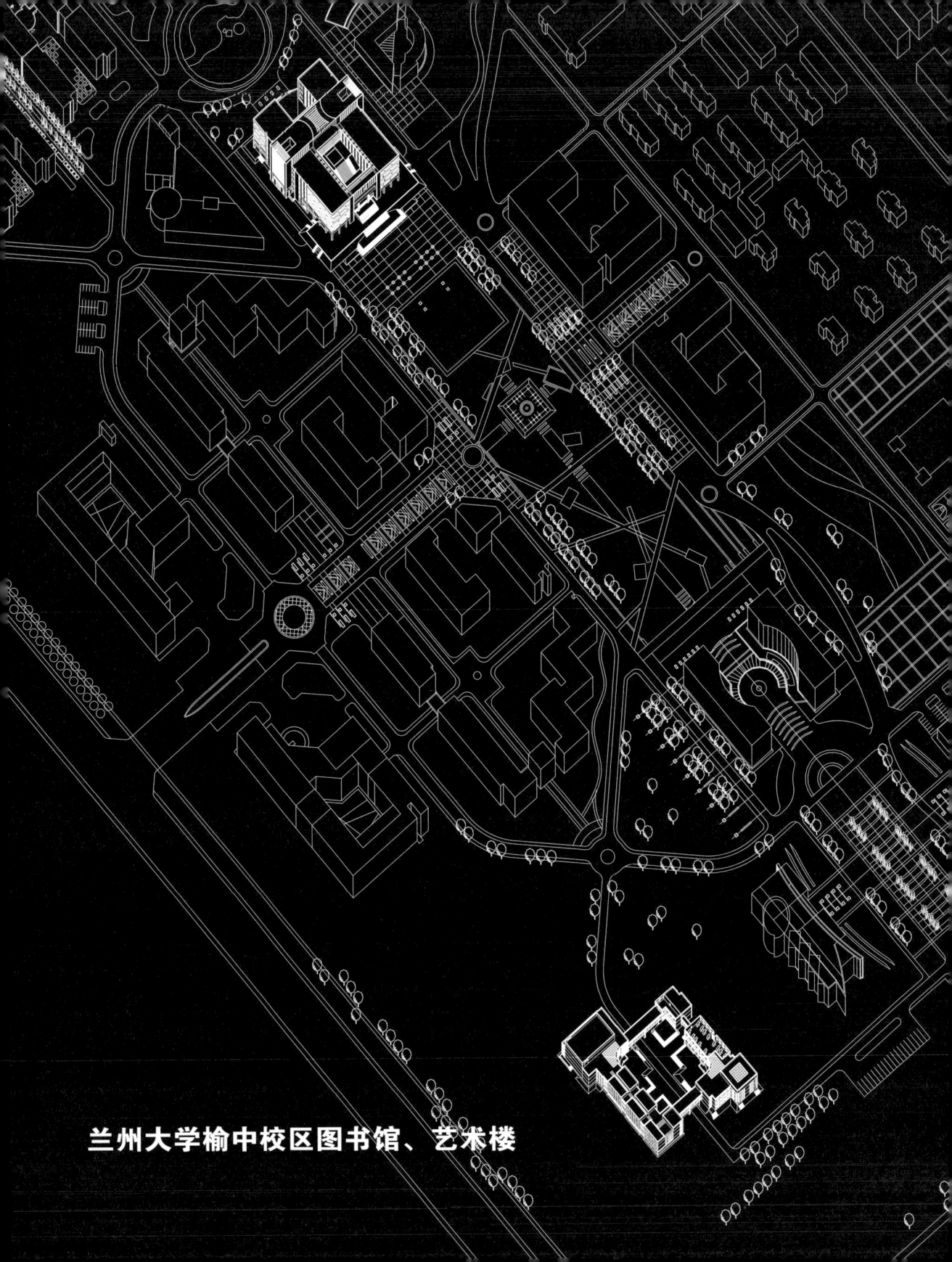

兰州大学榆中校区图书馆、艺术楼

地域文化和校园文化的特色追求

甘肃省疆域辽阔，民族众多，是西域丝绸古道留下古文化最多的地方之一，具有广博的地域文化特色。中国西部十二个省区的范围占全国国土面积的三分之二以上，西部地区的开发建设离不开对地域文化的挖掘与文化的延伸。建筑的个性取决于内容和形式的统一，建筑艺术处理必须反映出它的性格特点。教育建筑的文化内涵突出，不仅表明它是一个承载知识的文化建筑，同时又是一个用建筑形象感染读者去学习与思考的安静的学习场所。

兰州大学位于甘肃省省会兰州市，创建于1909年，始为"甘肃法政学堂"；1928年扩建为"兰州中山大学"；1946年定名为国立兰州大学；1953年国家开发大西北的决策使兰州大学学者云集，声名鹊起，成为一所闻名遐迩的高等学府。2000年，兰州大学在榆中县筹址新建校区。榆中校区用地西侧翠英山延绵起伏，南北窄，东西长，地势西高东低。2003年10月笔者主持设计的图书馆和艺术楼方案双双中标并得以实施。

一、书体间的契合，书页中的遐思

榆中校区图书馆面积3.3万平方米，是满足开架的"查、阅、藏、借一体化"管理方式需求的学习型图书馆，藏书达260万册以上。

设计中注重处理图书馆私密、半公共、公共空间的层次关系。图书阅览区可分可合，灵活布局，具有良好的弹性。图书馆在不同空间的视觉营造上采用不同的方式，空间上下引导、渗透，水平的延伸与遮护，加上通透、延续的中庭不同处理，使建筑内在空间十分丰富。

兰州大学榆中校区图书馆的形体组合，简单明确，结合校区的规划特点，突出阅览空间的形态，利用建筑的虚实对比，形成丰富、内外交融的空间形体。设计将不同的空间组合成几本穿插有序的书，形成了特有的书城景色。同时阅览室横向带形窗中间的横向遮阳挡风板的设计，既满足了图书馆对于光线的要求，又保证了物理环境特征的需要，从而形成横向的条带——像书页一样组合在一起，完善了"书页中遐思"的构思。每当晚霞落日，灯光亮起的时候，"书人合一"，"使人们产生和书籍交融在一起的感受"。

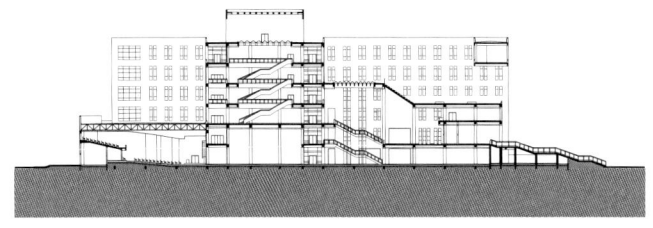

图书馆东西向剖面图

图书馆一层平面图

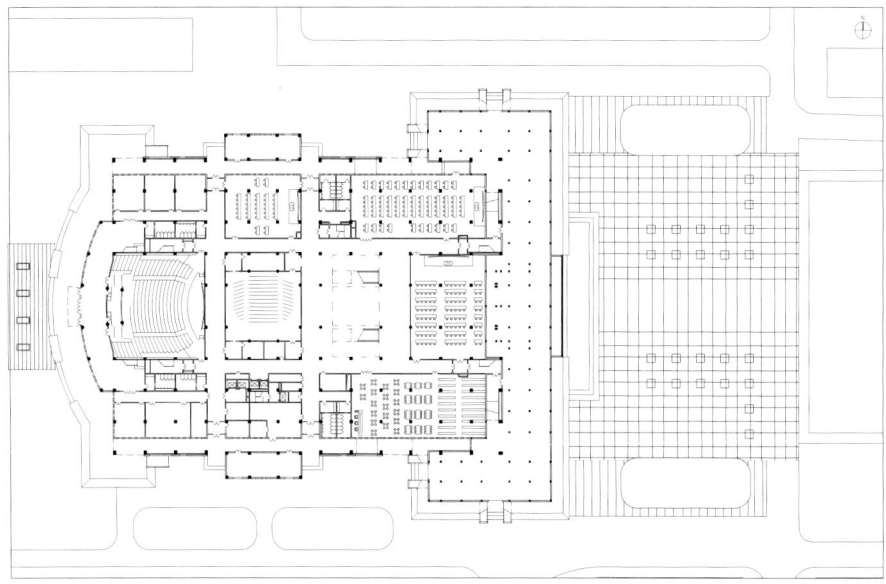

二、小楼旁的约会，庭院内的共融

艺术楼主要功能为音乐楼、美术楼和行政楼，为建筑面积 1.09 万平方米的三层小楼。不同使用功能要求其动静分区，共同的艺术气质要求其合属一系。为解决其低矮的体量与学校其他建筑相比体量显小的矛盾，将音乐楼及美术楼分置南北两侧，中间 6 米小路穿过，共同组成完美的校园整体形象，整合出极具艺术气质的艺术教学组团。

艺术楼的设计注重其不同功能组团分区的相对独立性及完整性，创造丰富、活泼及和谐的室内外空间群体。建筑隔路而建，庭院高低错动，满足了多功能展示、雕塑陈列、小型艺术表演的多样性使用要求。琴房小窗尽可能减小干扰；美术教室天窗采光稳定；展厅高挑，可适合多种展出形式需要；小剧场简洁明快，可满足排练及演出使用；跨廊桥之上，俯瞰内部景观，艺术品位及人文气息尽透窗外。

兰州大学榆中校区艺术楼独特的内院建筑群体将其内在功能的特殊性与整体校园建筑在尺度上协调一致。合院相围，以利避沙；群楼相聚、以

艺术楼一层平面图

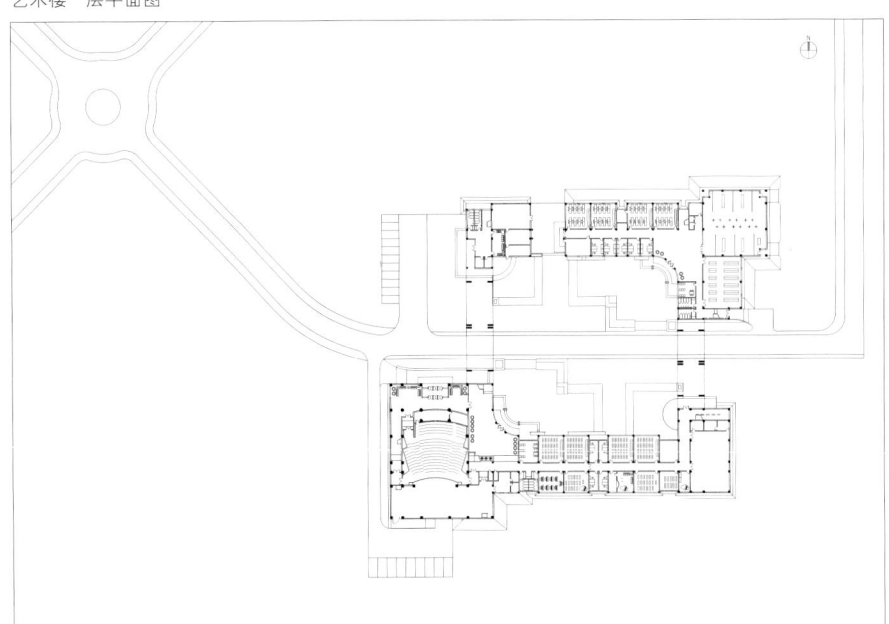

展才艺。艺术楼成为了同学们享受艺术、追求艺术、美育人生的课堂。

　　"以人为本"，最大限度尊重生态环境，在建筑上体现建筑与环境的共生及建筑使用上的高效本身就是原生态的有机体现。建筑形体应该以"契合"的姿态来适合当地的环境，所谓"因地制宜，节约经济"，是当今教育建筑创作的根本点。尤其在西部地区，综合各种因素降低建筑成本，充分考虑气候等因素，充分考虑建筑的实用性及可持续发展的弹性，是建设生态化、特色化、地域化校园的根本保证。

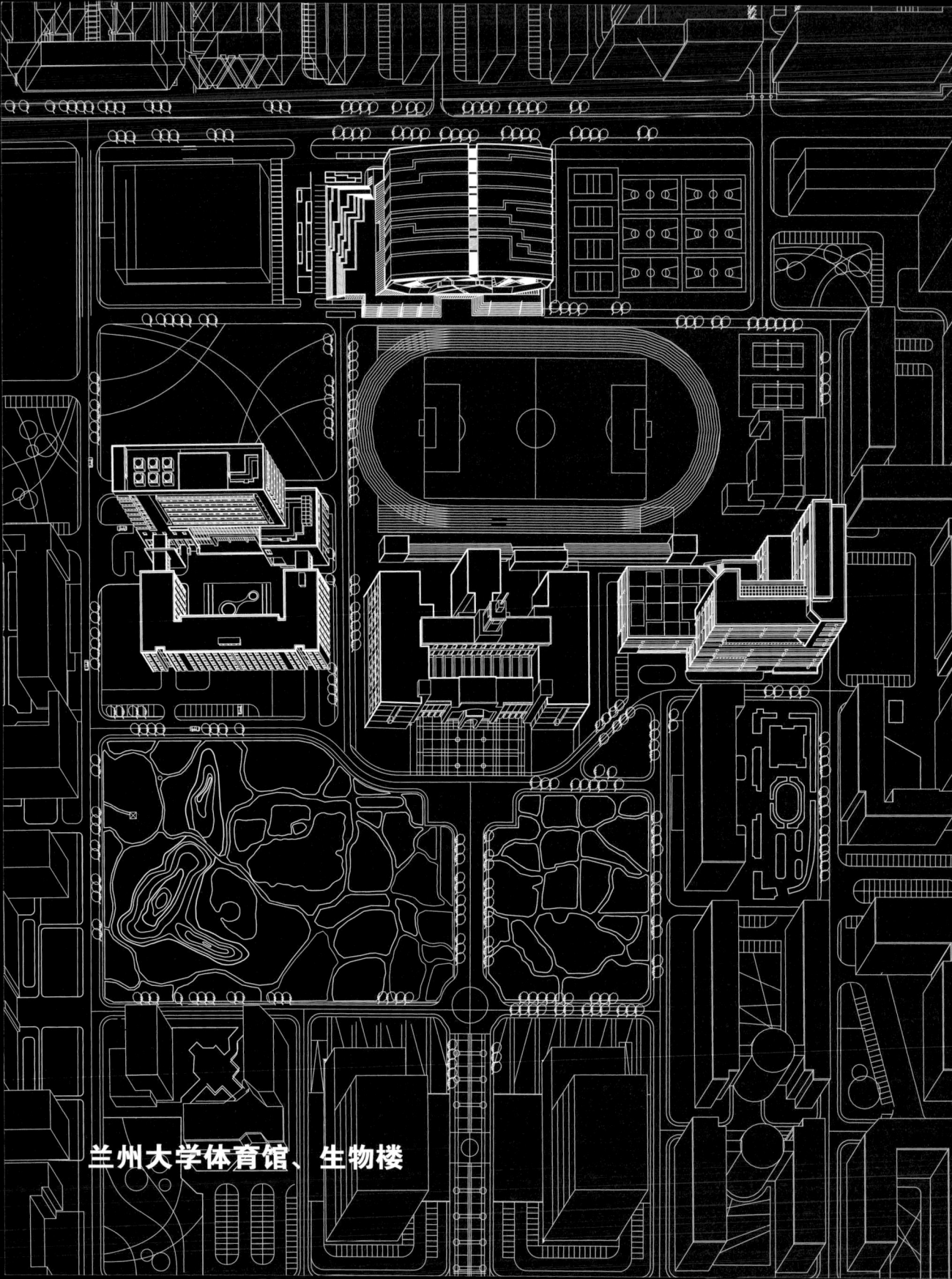

兰州大学体育馆、生物楼

校园气息的记忆与传承

　　校园气息的记忆与传承是一所大学永葆活力的源泉。近代新文化运动的领袖胡适有这样一句名言："学校固然不是造就人才的唯一地方，但在学生时代的青年却应该充分利用学校的环境与设备把自己铸造成个东西。"兰州大学主校区校园轴线上的图书馆可追溯到1909年，1913年以清代贡院遗留的"观成堂"为书库，"至公堂"为阅览室。1946年以后修建二层独立馆舍，名曰"积石堂"，1962年以后建成7800平方米的图书馆楼。1998年5月，由清华大学关肇邺院士主持扩建。伴随着兰州大学成长发展的图书馆寄托着兰大人对校园记忆的传承。

　　体育馆与图书馆共处贯穿校园的东西轴线，作为兰州大学校本部中轴线的结束点，承接医学院校区的起始点，是兰州大学的对外形象的集中体现。理工楼由南向北层层跌落，生物楼向北侧退让，进一步突出图书馆对于校园中轴的统帅地位。这组建筑建成后不仅仅是两校区中轴线的完善，同时也是老校区历史的延伸，将成为兰州大学中轴线上重要的一笔。

　　体育馆观众区共有4180座位（其中固定座席3136座，移动座席1044座），采用南北两侧看台布置手法。建筑东侧设置体育教学用房及裁判休息室；南侧为贵宾、媒体用房；西侧面向操场，布置运动员及媒体入口，平时可兼做教学入口；北侧为观众主入口，前有露天广场作为缓冲区。建筑主入口处设沿环廊环绕布置的休息厅，环形休息厅标高统一，形成室内"风雨操场"。理工大楼由研究生院、法学院、数学院、土木工程学院四个院系单位构成。建筑西南角为主要入口，由研究生院以及数学院共同使用，通过门厅的垂直交通可方便到达各功能空间。生物 2 号楼由生命学院的植物所、生化所、生物物理所、干旱实验室等部门使用。建筑主入口位于西侧，面向内部庭院，并在南北两端设置辅助出入口。

体育馆形象上由南北主看台演绎而成，并向上延伸，形成烘托之势，东西两侧顺应中轴线的通透开敞，视线贯穿南北校园。理工大楼与生物 2 号楼的建筑设计在满足校园总体规划的前提下，进一步完善校园正门——图书馆——体育馆的空间序列轴线。理工楼和生物楼在形体上逐层退让，突出图书馆的体量，形成连续而富有变化的校园景观界面。

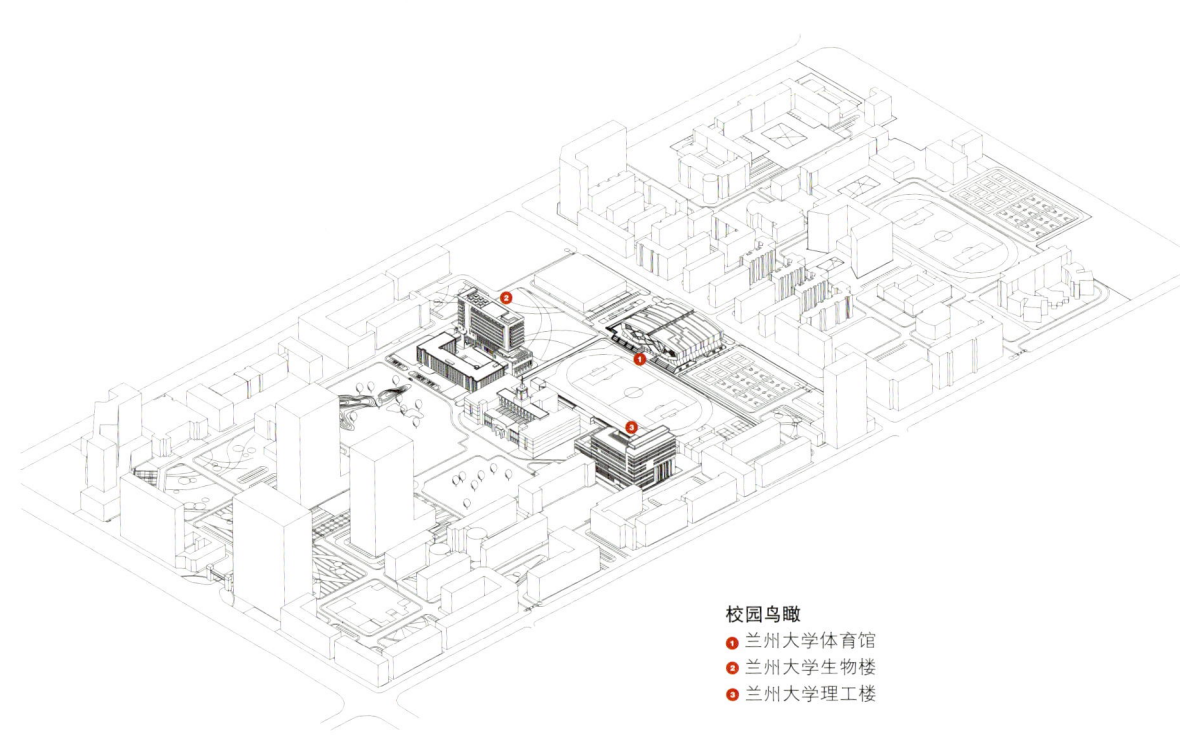

校园鸟瞰
❶ 兰州大学体育馆
❷ 兰州大学生物楼
❸ 兰州大学理工楼

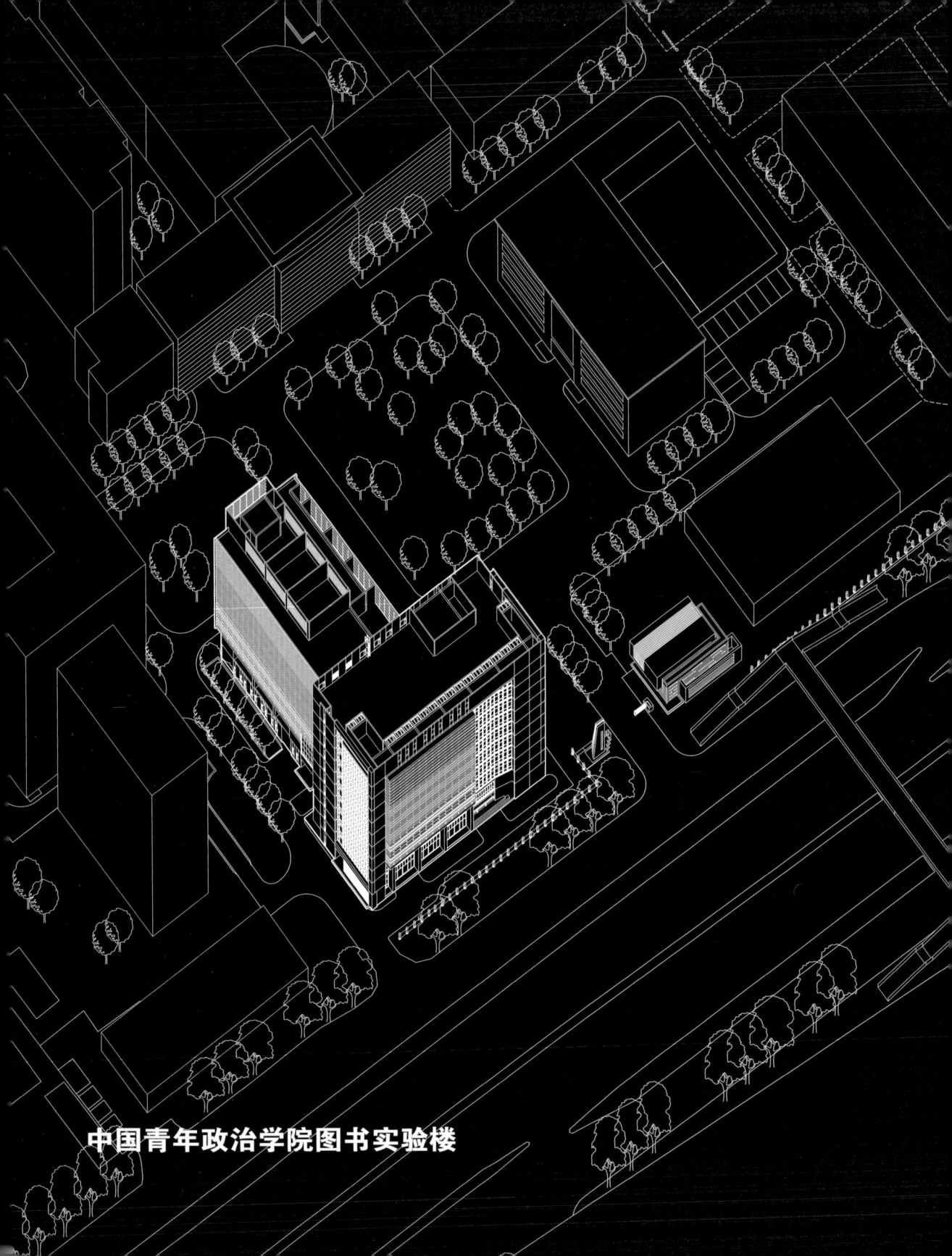

中国青年政治学院图书实验楼

内外舒气，满园书香

从紫竹桥向北望去，你会一眼看到一栋红白相间的小楼。随着汽车缓缓下行，你会愈发地感受到它散发的气息。这也是我参加项目设计投标时接近这块场地的第一视觉景象。小时候听老人说从这里可以走到紫竹院公园散步，傍晚有许多人在小路旁"挖知了"，现在想想也是一幅美丽的画面。而今三环路已然车水马龙，拥挤的建筑群早已各显其能。在设计校园旁这栋围墙般的大楼时，我首先想到的就是让校园内部与外部城市空间相互"透气"，城市景色同样应该是校园延伸的一部分。

中国青年政治学院图书实验楼与新建的教学楼、教务办公楼一起围合学院的入口广场，形成整个学院的景观中心与活动中心。图书实验楼以恰当的姿态退让中心广场，缓冲南侧新建学生公寓对图书实验楼产生的压迫感。建筑两翼横纵交汇，端部设计有一个架空的廊道，使校园内景与城市景色相呼应，为在校师生与办公人员提供一处特殊的景致，最大限度地将多层次、多趣味的空间"反哺"于校园的内部环境。

建筑分为图书馆和实验楼两部分，分别面向校园和西三环。两个主要功能分区之间为公共空间区域，设置展廊等公共服务设施。图书馆部分地上9层，布置普通阅览室（开架）、研究室、报刊期刊阅览室、电子阅览室、学术会议交流中心、馆藏书库、密集书库，图书采编加工室和图书馆配套的办公设施。实验楼部分地上11层，布置会议室、教室、实验室、办公室和报告厅；建筑地下3层，安排建筑所需配套机房及停车库。

方案取意于书案、竹简、笔插这三件古代文人至宝，突出建筑的艺术性和文化性。建筑强调不同质感的几何体块穿插、咬合，强调建筑形体与建筑功能特性的协调统一。建筑主入口面向学校中心广场，设置大尺度的台阶和柱廊，在界定场所空间的同时，增强了建筑的公众性。立面材质以白色涂料、暖色石材及透明玻璃为主。暖色石材沿水平方向变节奏地与玻璃间隔，形成贯串整个建筑造型的完整体块，其丰富的质感和方整的卷筒造型，隐喻了竹简的肌理。匀质扁长的条窗和间或跳跃的玻璃，减弱了阳光的直射，为阅览与学习空间提供柔和的漫射光线。建筑内外空间的相互渗透、关联，"你中有我，我中有你"，衬托出建筑的方正、挺拔与稳重，使其以完整的形象出现在城市快速路旁。

　　大学校园与城市的关系在城市的发展中不断变化。尽管围墙仍然是校园管理的必要措施，但是大学校园与城市生活多个层面的交融在现实中愈发迫切。重视校园建筑与城市区域之间的关系，应该是塑造城市及大学校园建筑的重要出发点之一。

一层平面图

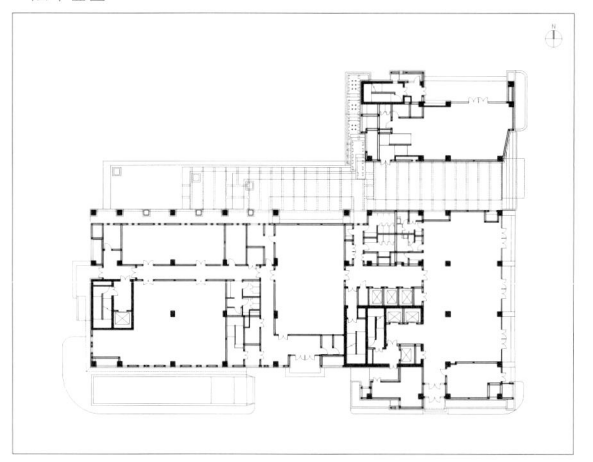

二层平面图

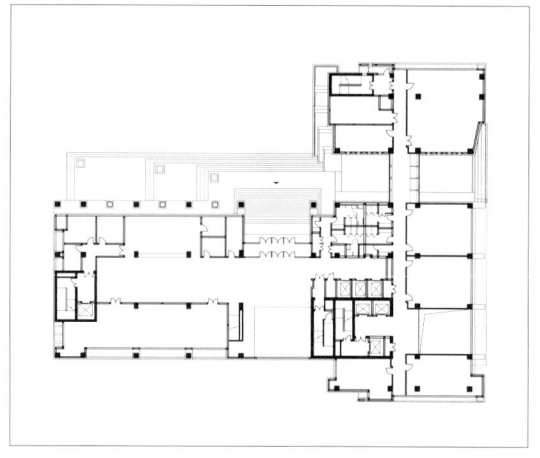

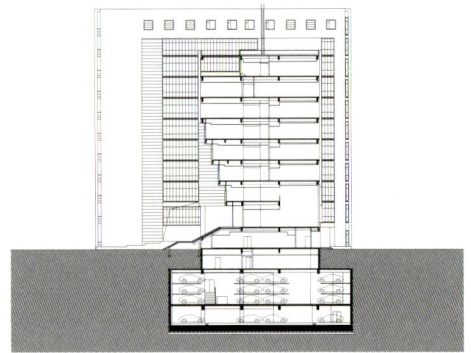

南北向剖面图

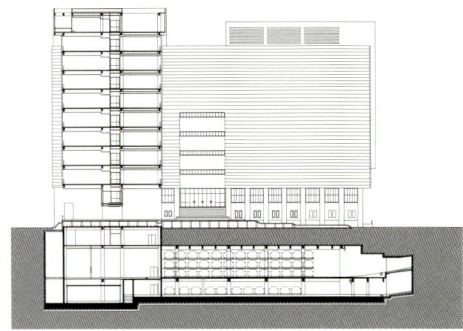

东西向剖面图

第二章

多样的文化

建筑是受物质条件制约的一种艺术形式，不是一种随心所欲的艺术活动，是不能脱离经济、人文等因素而存在的。建筑是一门基于科学，解决问题的实用专业，是一种文化现象。

　　"文化"一词在不同的学科中、不同的背景之下有着多重的含义，常常用于指社会的全部生活方式，包括价值观、习俗、象征、体制和人际关系等。建筑文化有着多个层面，由内到外的多种稳定及不稳定的因素，塑造着不同的建筑形态。文化是需要体验的，同时在本质上不啻体验不同性质的时间和空间。

　　建筑创作去其最终成果的表征之外，其优秀之处仍然在于体现文化、地域的关系。一个成功的、独特的建筑正是出于对地域文化的尊重及对先进设计理念感知的成功。建筑作品作为对地域文化特质表现的意义，在于与自然、时间是交汇的，与异文化是交融的。

　　东方在审美上有着自己的独特性。中国强调"山水自然"的大文化，多民族、多地域形成了众多的生活方式与文化特征。如蒙古人穿丝绸骑马、宫廷里穿拖地长裙漫步的景象，中国服饰色彩的鲜艳，中国菜对各色食材的精巧利用等等，与中国建筑屋檐下色彩的大胆运用，家具的精美，园林山水的意境表达异曲同工。在一定程度上，轴线的凸显及装饰语言的运用在中国建筑的审美趣味上并不突兀。

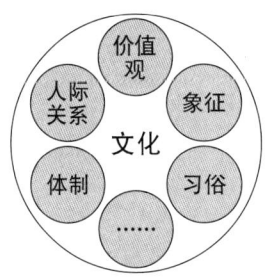

　　文化对人来说是把象征性的东西作为一种意义呈现出来，从而赋予人一种价值，形成文化的一大特质。一种特定的文化特征是深受特定的文化模式影响的结果，是在个体与整体的对话中融合了有意识和无意识的限制，是记忆和体验人的创造性的综合成果。

　　顺应当地文化的建筑特征并非是单独存在的，它们已经不可分割地融入当地传统之中。如果没有一个连续性的真实传统，就算人们善意地采用那些可以构成地域特点的表面元素，它们仍然最终注定成为一种"多愁善感"的建筑，成为一件优雅、肤浅的建筑纪念品。文化是富有生命力的，当文化与文脉和传统的连续性相融合时，就会逐步地成熟与积淀。

　　当世界进入一个不是用意识形态，而是以文化作为切入口来理解的状态，软实力变得日趋重要，世界正逐渐以展现出文化魅力的国家和社会为中心运转着。只有通过对文化的研究，建筑所具有的特殊要求才能被重新审视。才能突出地表现出建筑的气质而留下可以延续的经验。

　　从多种异文化差异中理解世界是必要的。在一个越来越趋向"同一化"的全球化时代，"混合化"的趋向和"同一化"的价值观是同时存在且相互影响的，文化的多样性变得尤为重要。开放和广泛展现的文化魅力是多元的，形式是多样的。如何保护凸显自己文化的独特性、多样性，从多种异文化的差异中寻求更大的机遇，是建筑创作中值得思考的课题。

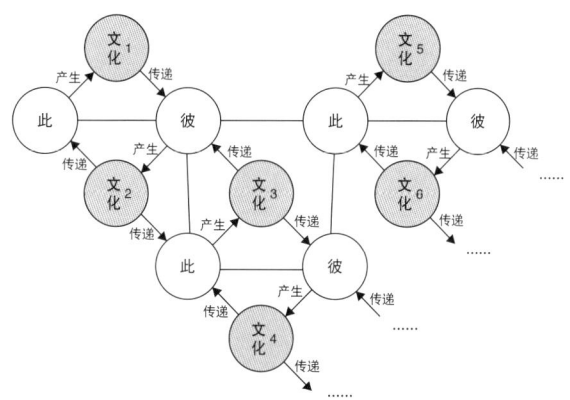

　　文化的多样性存在，源于其丰富的价值体现。它表明人们认同人类所构成的文化多样式的价值，认识到文化的差异对于生存在这个地球上的人类有着深刻的意义。内蒙古的幽情、青藏高原的辽阔、中原的静寂、闽南的多姿以及京城的气韵让我们不能不去思考处于不同文化背景下的建筑特色所在，而建筑也正是基于这种潜在的文化背景之上而渐渐被改变的一种产物。

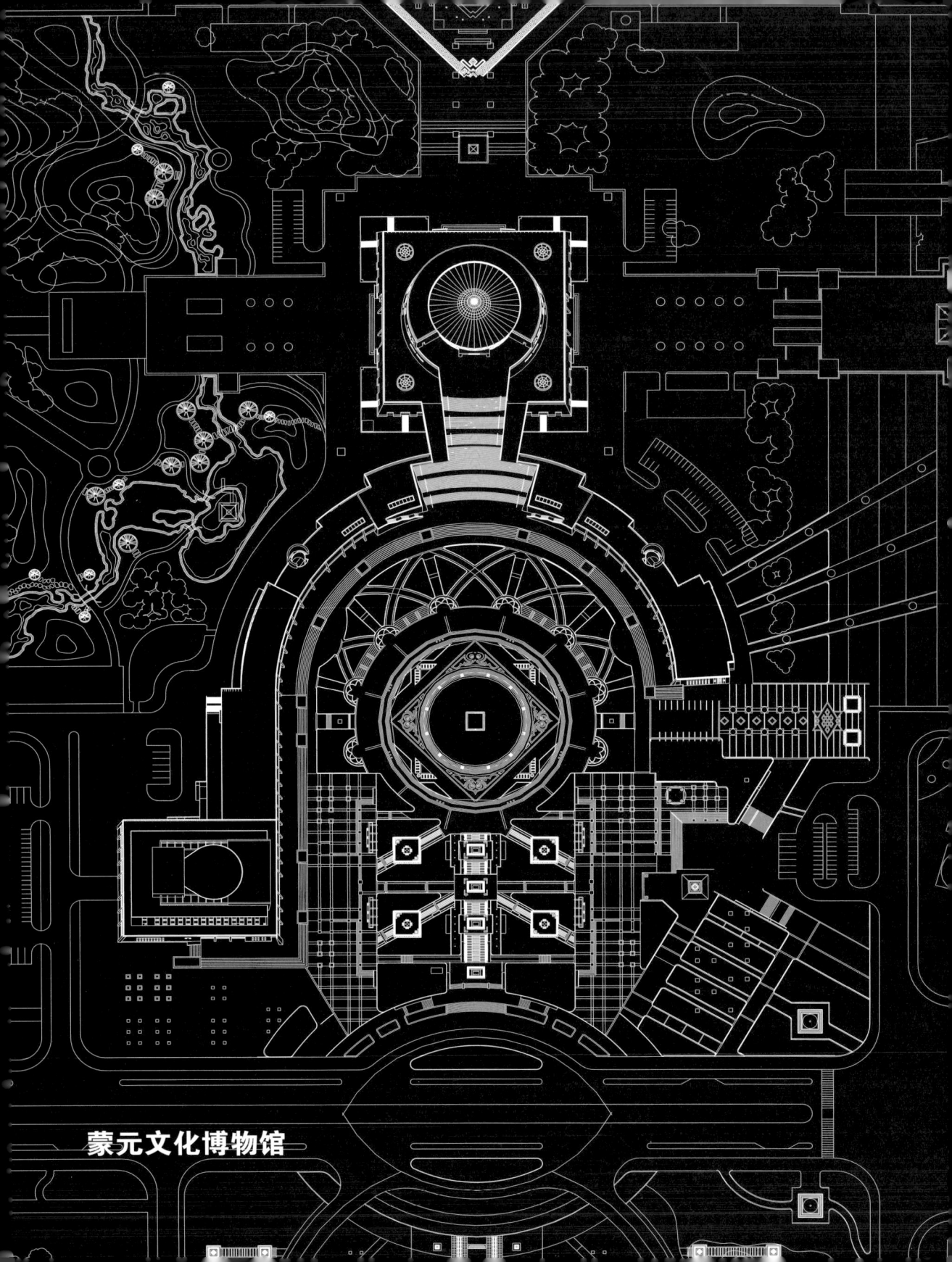

蒙元文化博物馆

尚白垂情，长生天境

　　"敕勒川，阴山下。天似穹庐，笼盖四野……"**❶**蒙古族世代生活在草原，逐水草而居，形成了奔放、豪迈不羁的民族性格。蒙古高原气候多变，冬季漫长寒冷。"鞑人始初草昧，百工之事，无一而有"**❷**。生活上"其食肉，而不粒"。生存于复杂自然环境下，蒙古人敬畏自然，向往博大、苍凉、凝重之美，逐渐形成了崇尚日、月、圆、白的审美习惯以及对"长生天"的崇拜。

　　蒙元文化博物馆建筑群坐落于锡林郭勒大草原腹地——锡林浩特市新区的黄金地段。整个建筑群分为三个功能区：博物馆、民俗馆与民俗文化影剧院。其中，博物馆是目前世界上最大的、展现蒙元文化的集文物收藏、研究、展示于一体的综合性博物馆。各建筑单体设计以"三横一纵"的轴线为基准，呼应现有广场的轴线。建筑群具有一条忽必烈雕像—博物馆屋顶平台—民俗馆—文化广场—政府大楼的贯穿南北的步行流线，突出了场所的使用功能和仪式感。

　　博物馆的平面布局采用方圆两种形状相结合，场馆以方形为主，便于展品展列；公共区域以圆形为主，暗合蒙古原始宇宙观。民俗馆以博物馆为中心沿两侧通廊展开，与湿地景观以及雕塑园区景观及广场相呼应。民俗馆两侧设有多功能会议厅、影剧院及餐饮、咖啡厅、酒店等服务功能厅室。

❶ [南北朝] 佚名《敕勒歌》.
❷ [南宋] 彭大雅《黑鞑事略》.

博物馆参观流线由主入口直上三层，三层大台阶与弧形环廊和广场发生联系，一气呵成，表达了对"长生天"的敬畏和崇拜，将蒙古族原始的宇宙观和现代的生活方式物化到了具体的建筑中。

博物馆主体建筑形象汲取蒙古原始村寨——古列延布局，围绕中心建筑环状布置。上倾圆台与下斜圆锥相扣，具有拔地而起的力度感。整体建筑形象蕴含蒙古传统服饰、器具、民居及敖包的神韵，圆台开不规则长条窗，把敖包堆叠的意象转化、抽象；环廊部分墙面底部雕饰鼻纹图样，上部雕饰海洋纹。弧形楼梯一侧的转经柱上刻六字箴言或法器图案，楼梯取意为天梯上祭坛，为传统形式注入新的审美意趣。影剧院设计兼顾其自身的对称性与整个建筑群形象的协调性，与连廊浑然一体，以简洁的体块，有力地衬托博物馆。

传统蒙古民居的建造中隐藏着深刻的生态原理。蒙古包通过顶部的"套瑙"与"乌尼"、"哈那"连成日月射光状的天窗，最大限度地获取阳光，

总平面图

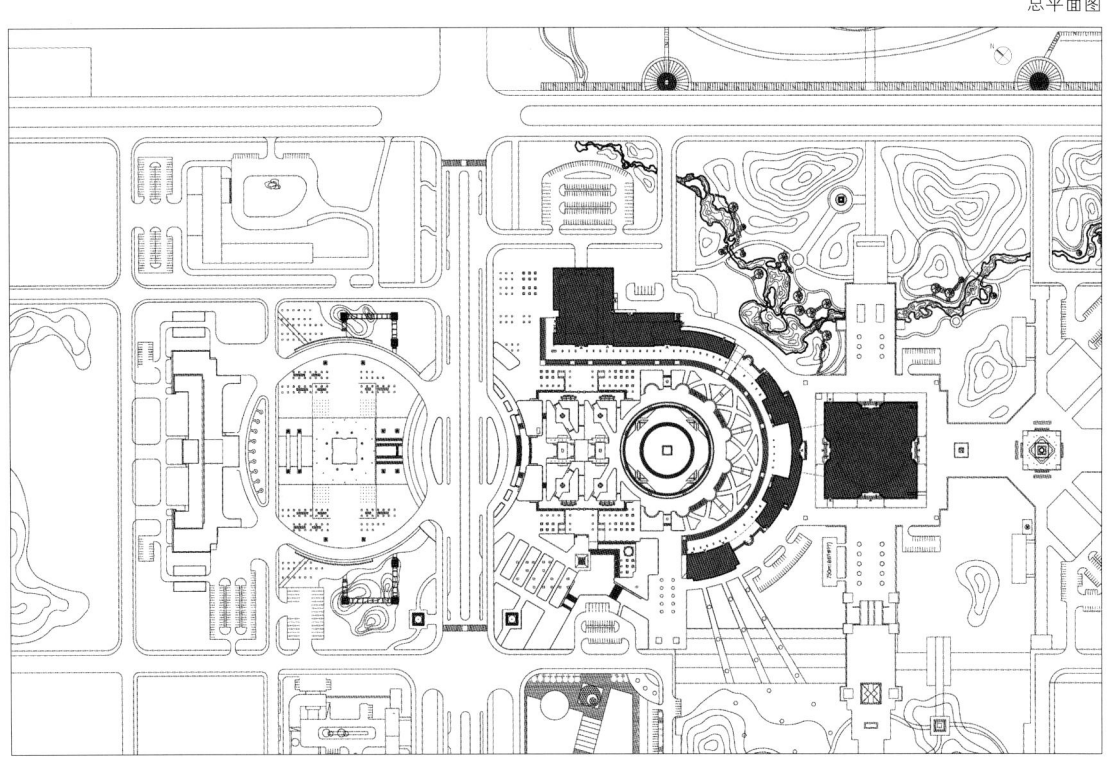

产生了与当地的寒冷气候相适应的特有的生活与居住方式。在博物馆圆形
中厅的设计中，天窗取意于蒙古包的"套瑙"，光线由贯通的中厅引入室内，
宁静肃穆，表达出深沉、洁白的情境与心情。蒙古草原多山、多石，博物
馆以当地石材为主要饰面材料，以符合蒙古人自古就有的崇石习俗。

　　无尽的戈壁、巍峨的青山、蜿蜒的河流、连天的碧草、雪白的羊群、
繁星般的蒙古包，辽阔的蒙古草原是一部饱含浓郁民族文化色彩的古籍。
特殊的人文地理环境孕育出蒙古对"天"与"白"的无限崇敬，"大漠烟迷，
凭谁问、英雄何觅？风云涌、天骄腾起，草原合璧"❶。草原文化体现了蒙
古民族文化、地域文化的基本特征，营造出一种与天对话、与自然相交融
的场所，构成了内涵丰富的草原情境。

❶《满江红·鄂城怀成吉思汗》

西南立面图

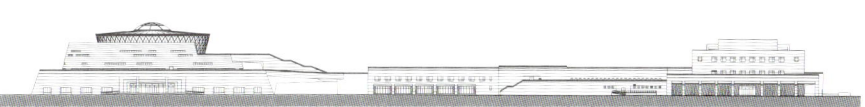

东北立面图

青海大剧院

场域、形影、音色

青海大剧院地处青海省西宁市西侧四公里处的海湖新区中心区。新区规划面积约 1000 公顷，是西宁市西扩的重要项目。笔者于 2006 年 10 月参加设计竞赛现场考察时，地段周边尚无一栋建筑物，南北两侧的山色咫尺可见，东西景致纵深开阔。"远看是高山，近看是平川"的景象饶有一番美景善意。

西宁地处青藏高原东部边缘与黄土高原的交界处的黄河支流湟水河谷地上，与中国西部若干河谷城市一样，政治、军事因素及"青海湖""唐蕃古道"周边的多民族区域经济强烈的互补性带动了城市的商贸发展与繁荣，使西宁成为西北地区重要的核心城市。

特定的场域使建筑在特定的各种位置之间的表现关系中形成最基本的构型，形成与特定的环境、民俗文化等相关自然、政治、经济、社会和文化因素相对应的关系，生成有特点的建筑与空间环境。海拔 2200 米的河谷城市，西部高东部低、南北高中间低的地貌特征，多元民族、景观、历史、宗教的集中，形成的多元地域文化环境，使建筑形态的承起与回溯都寻求最直接、最简单的方式表达。设计尽可能把"不言而喻"的东西省略，才能将建筑与场域环境及其自身的空间关系顺理成章地表达出来。

大剧院内容纳歌剧院、音乐厅、多功能厅及电影城等多项功能。建筑形体延续出的弧形墙体与椭圆形主体自然形成入口空间，反弧状的公共大厅可以远眺连绵的山脉和城市风景。外墙向内倾斜，墙面螺旋上升的石材饰面强调了建筑的体量感和厚重感。每块石材垂直于地面干挂，在凹槽处搭接，从而保证标准板材适应墙面上窄下宽变化的肌理。玻璃幕墙与石材幕墙相间错动，表达出建筑形体的秩序、节奏和渐进的高潮。

建筑的形塑造出建筑的气韵，而它的影则会伴随使用者的体验，反映出建筑与自然、时间的变化关系。广场、台阶、大厅再到剧场的休息前厅，观众从外至内和由内至外的整体感受，以及观众从休息厅步入剧场的心理转变，都无不期待着建筑最后的高潮——"演出之影"的呈现。形神合一、形影兼备的空间才能塑造出观演建筑的气质和灵魂。

观演建筑厅堂设计对音色的追求是设计的最重要目标。歌剧院观众厅两层楼座共 1200 座，马蹄形的平面对观众视线、视距做了优化和弥补。楼座结合包厢式设计加大了声学反声效果。音乐厅座位排放强调空间的围合感，拉近观众和演出者的距离。舞台顶部反射板和周边弧墙设计也充分满足声学设计要求，观众厅良好的声学效果和室内环境保证了剧场的演出效果，同时也把握住了观演建筑音色的控制。

庄子说："天地有大美而不言"。大江大河大山大川大草原大湖泊，众美为大，青海自古就有"大美青海"的雅号。应该看到古西宁近千年形成了仅 3 平方公里的老城，今天要在五年左右时间建造一个 10 平方公里的新城，建设速度之快在让人欣喜之时也不乏有些担忧。

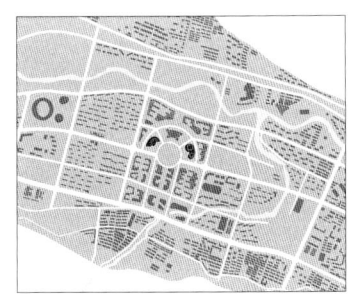

总平面图

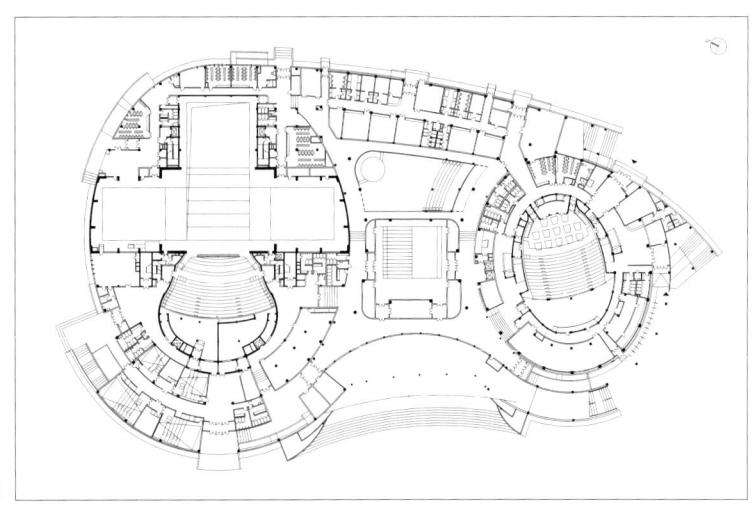

一层平面图

　　在新区总体规划的基础上，我完成了中心区120公顷的城市设计，并设计了东西两侧的青海大剧院和青海科技馆。两馆之间留下的筹建夏都会议中心的空地因融资问题闲置多年，近来听闻某地产商要建303米超高层写字楼，这与城市设计控制的建筑体量限高120米横向展开的设计原则完全脱离。在青海地区，人们会尽可能选择海拔低而平坦的地区居住，不知道有没有人愿意在海拔2200米之上的300米高的写字楼里办公。而这一带景色的优美，正如我最初到这个地方的感受：水平、延伸、透明；环境告诉我们自然中孕育平等、间隔、连续、起伏所呈现出的谦和的道理。音乐需要渐进舒缓的旋律，而不是单纯的一指高音。场域的教义与建筑形体的光影，无不寻从着乐曲般音色真实的纯与正。

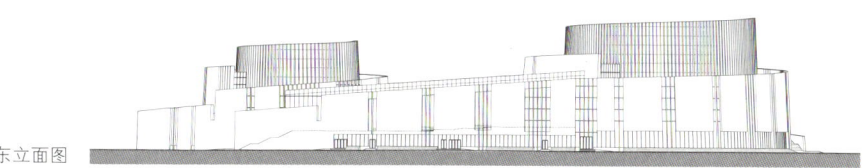

东立面图

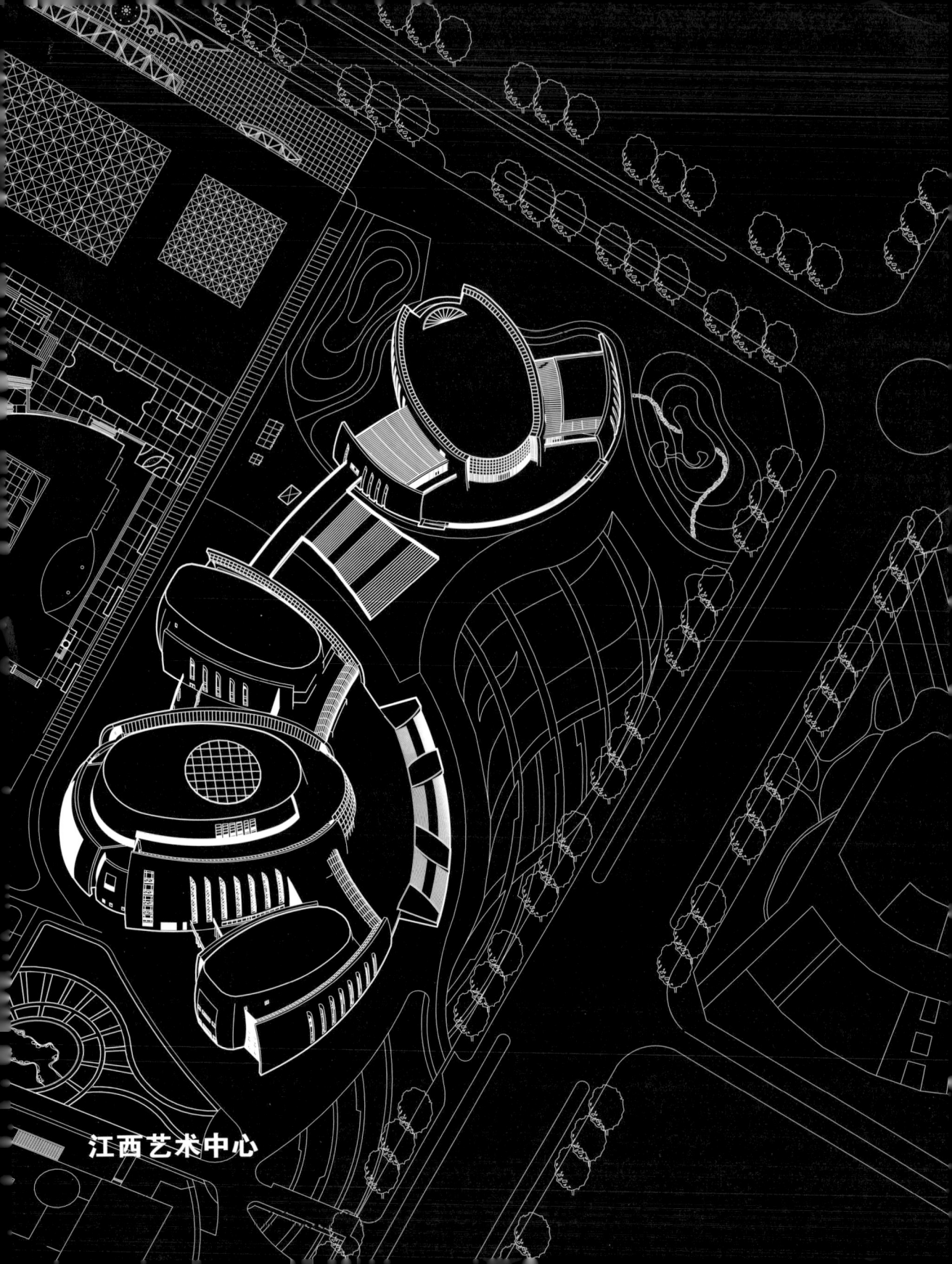

江西艺术中心

瓷韵花律，声满乐扬

　　江西自古"物华天宝，人杰地灵"。江西艺术中心建筑造型取意源于宋代瓷器中经典的莲花纹样。外形端庄柔美的建筑坐落在古城南昌，宛如盛开了一朵盛世莲花，焕发着生命的美丽与灿烂，充满着生机与活力。三组建筑群体相互衬托，又起伏有致，丰富并改善了沿高新大道长达 500 米的天际轮廓线。

　　艺术中心莲花瓣形的建筑形态不仅寓意深远，更创造了动感的形式。层层推进的弧形墙面形成了复杂的透视效果，水平向连续线条建立了弧形墙面的紧密联系，形成了多维度的丰富形象。曲面和曲线的运用从体量上使得形态突破理性的逻辑，形成了内外一致的丰富的室内外建筑空间，增强了建筑的情感化和表现力。弧状墙体与入口处的玻璃幕墙强烈的虚实对比，烘托出建筑整体的气韵。休息厅室内的连廊、楼梯构成了形态丰富的内部空间，其间往来的人流宛如一幕演出中的场景，增加了空间的想象力。

　　每一组花瓣对应着一组建筑功能。花瓣状的外墙采用石材幕墙，60 厘米高板材采用上下叠状的挂法，自然形成空间的弧形，以适应平面和纵向弧度形成的非线性墙体结构。石材边侧弧状磨光处理，增大反差效果，按 5% 的比例取小块石材磨光上墙后呈现出极其细腻的肌理。

　　歌剧院观众厅一层池座，二层包厢式楼座。主台 32 米 × 23.8 米，净高 29 米；后台宽 22.2 米，进深最小处 20 米；侧台进深 21 米，平均宽度为 20 米。台口尺寸为 18 米 × 12 米（宽 × 高）。设计混响时间为中频 500Hz1.4 ~ 1.5 秒。

音乐厅观众厅为提琴型平面布局，设有一层池座、一层楼座。演奏台上方设有声反射体，与光学设计相结合，既满足了建筑声学设计的要求，又达到了很好的视觉效果。设计混响时间为中频 500Hz1.8 秒。

歌剧院竣工后已进行了多场演出。中央东方歌舞团二胡独奏演员演奏一曲后曾情不自禁地站起来说，这是他感觉演奏效果最好的剧场，我听了也非常高兴。记得 1998 年 5 月 4 日北大讲堂举行首场演出前，国家交响乐团指挥对我说进入讲堂的建筑空间气氛很好，很有意境。我问他前天彩排对观众厅的声学感受，他说要问演员或到中部观众席才能准确体会到。我设计剧场非常关注的两件事情：一个是在营造良好的室内外空间形态的同时，关注室外的戏剧性效果如何有效地延展到内部，形成一种氛围，创造一种艺术意境的可能性；另一个是保证厅堂的声学效果对观演空间设计的重要性。满足高标准设计质量要求，需要多个专业的技术配合、磨合以及专业经验的积累，缺一不可。

2005 年项目中标，在随后七年的设计中，虽然陆续换了多个专业的工种负责人，但是工程依然按照我最初的草图及细化的图纸一步步地深入。建筑的反复修改与完善是一个建筑作品得以良好实现的重要保证。

一层平面图

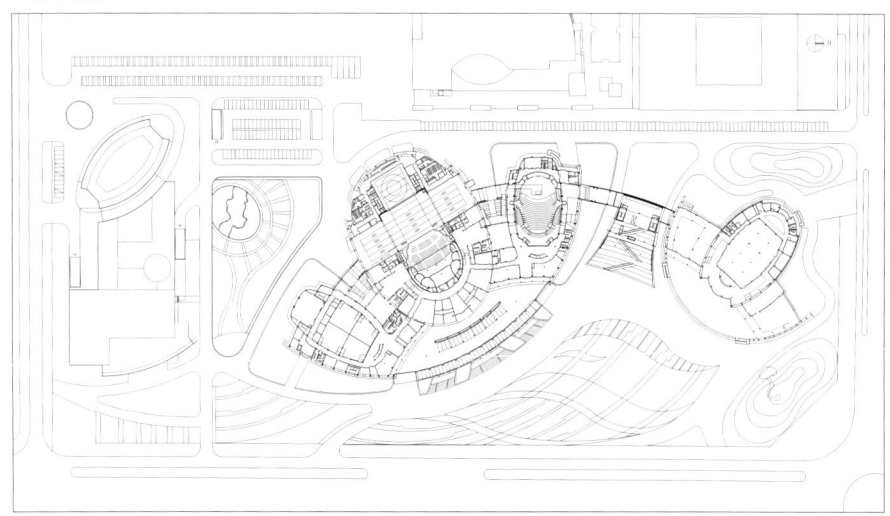

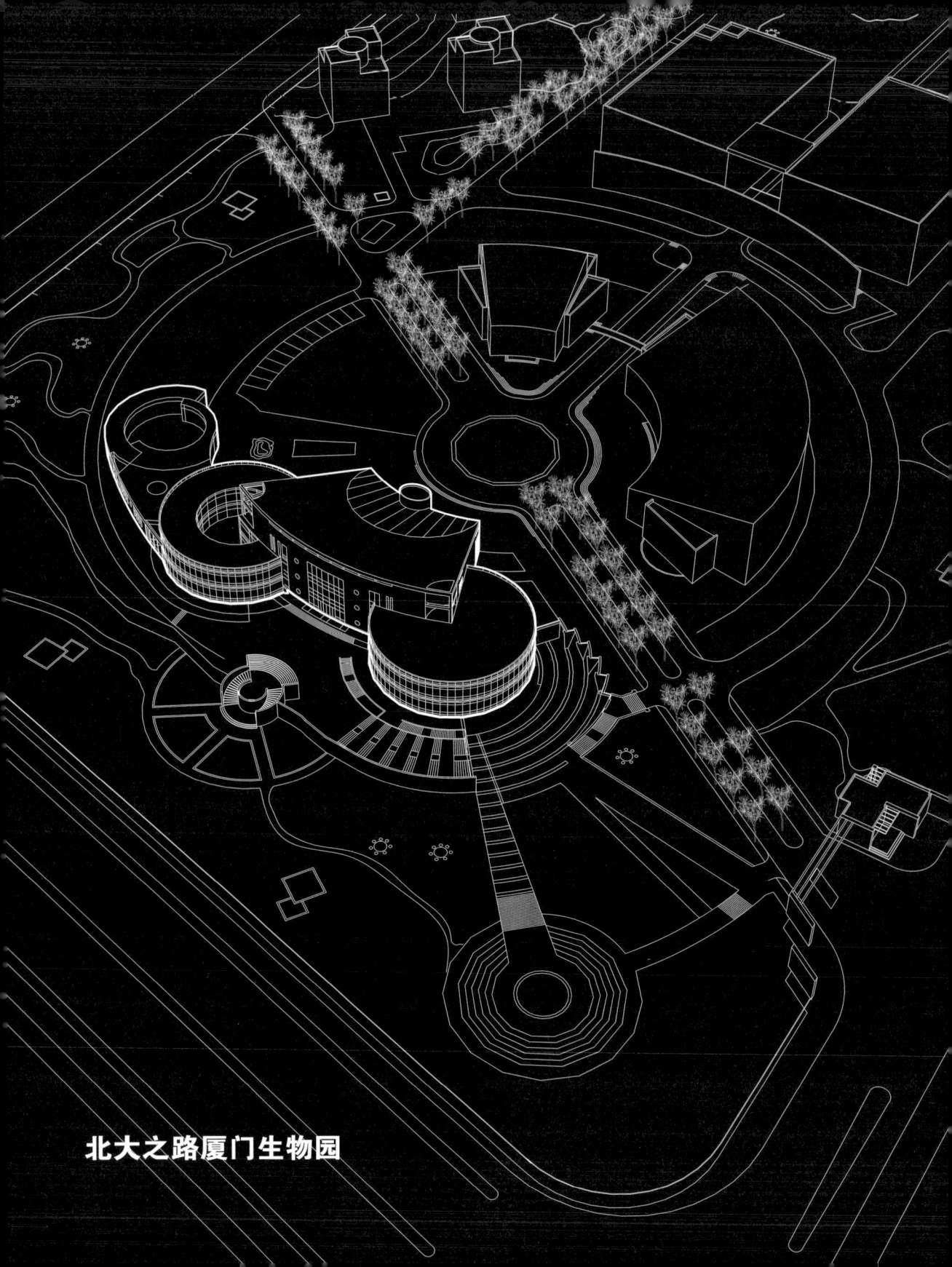

北大之路厦门生物园

回归自然生态环境，凸显建筑自我性格

——北大之路厦门生物园设计散记

1999 年北大未名公司开始筹建北大之路厦门生物园，同年 6 月我随校方领导赴现场勘察。当我们随着园区开发者步入园址时，我顿时兴奋起来：这是一个有着丰富树种及良好自然植被的苗圃区；这里有近 30 年树龄的桉树林，有郁郁葱葱的盆架子树，有一簇簇结满果实的龙眼林；映入眼帘的满是绿色，东南角处的水面更是锦上添花。临行时匆匆勾勒的构思草图在研发团队博士群的共议中瞬间丰富起来；默契的配合及构思的新颖使业主执意让我完善方案的深化设计，并将室内外空间的形象塑造方案及施工图设计，直接委托我院室内设计所。随着方案设计的展开，我们一步步走近北大生物之园。

一、从环境的设计开始

北大之路厦门生物园选址于厦门市金尚路东侧，是一个自然植被丰富的苗圃区，占地 9.4 公顷。场地西侧为城市主干道金尚路，东、南侧为规划路，场地呈平行四边形，中部平坦，西北及东南角部略高。场地现状有一纵一横石板路，路两侧有成排的桉树林及盆架子树，自然地貌及生态环境特色鲜明。

规划之初，我们充分注意到现状环境的特点，并结合生物园的特性在创意上同化它的灵性。生物园根据其内部功能分为办公科研、厂房、公寓生活及服务设施四个区。规划设计中保留园区内原有南北向斜路为进园主路，保留桉树林木现状；增设 4 米宽辅路方便交通。办公区到厂区新设东西向道路，满足人流由办公科研区到厂区的交通需要。

为便于管理，由入园斜路向厂区开设环状道路，避免对办公科研区的干扰，同时形成有主题的意向图案。保留原有北侧小路为进入公寓生活区的通道，高大的盆架子树及丰富的自然植被形成幽静舒适的休闲区。服务设施置于园区东北角，隐于林后。

设计中结合地形将办公科研、厂区等主要建筑置于地段中部，减少土方量，同时也最大限度地保留南侧角部龙眼林、西北侧林木及东北侧水塘等现状环境，结合富有创意的小品设计，借景造园，使生物园与自然环境融为一体。

二、从使用空间的特征开始

生物园丰富的自然植被及巧妙的路网设计为生物园内各个功能区提供了不同风格的景观意向。设计中结合各功能区内在的特点，调动内外因素，创造各具特色的空间意境。

总平面图

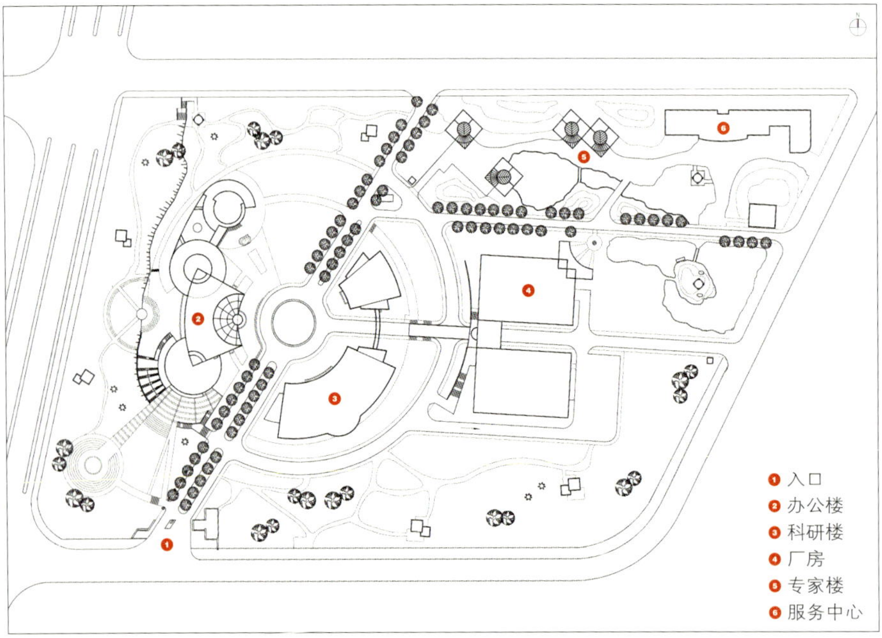

- ❶ 入口
- ❷ 办公楼
- ❸ 科研楼
- ❹ 厂房
- ❺ 专家楼
- ❻ 服务中心

办公楼、科研楼及质检楼呈环状布局，形体相互呼应，螺旋上升，围合成一个有助于思考、交流的空间环境。厂区强调其内在的秩序、简洁、高效。由办公到厂区的道路及两侧的柱廊、景观小品设计，体现出现代化高科技厂区文化品质的人文环境。

公寓生活区利用原有石板路、水塘、竹林及果林等自然景观，重整水面，移栽果木，叠石造园，形成休养、科研的良好环境。办公科研区四周的绿化带与中心水池相呼应，既突出了环境特征，同时也暗喻北大未名公司的徽标。从园区入口的斜向路到中心圆形的办公科研区，再沿东西轴线进入有序的厂区，体现出生物产品从科技研发到产品实现的全过程，体现北大之路的先创性及由曲折渐到通直的意境。

三、从办公楼单体建筑的内在空间及功能语言开始

办公楼是办公科研区的主体，也是整个园区的标志性建筑，面积为6000平方米。办公楼呈扇形平面布局，扇形大厅由3层至2层坡向中心广场，内部空间层层退台，大厅两侧各有一道弧形墙体挑出，弧状楼梯连接上下空间，结合与未名公司标识相呼应的入口圆厅及顶部天棚丰富的光影变化，形成独具特色的办公环境。

建筑角部南北各嵌一个圆形办公体。南侧低洼，结合地形设计半地下多功能厅及休息厅，地上设计两层大开间办公区；中部为休息洽谈区；北侧紧临龙眼林，设计高层领导办公区，布置5套副总办公室，包括办公、会客及秘书办公区，中部留空为内庭院，方便客户洽谈及休息漫步。

场地的现状植被一直是各个功能区设计的灵魂所在。初勘现场在北侧一角发现的几组多棵"相挽"的树木深深地吸引着我。业主接受设计的想法，将两套总经理办公区移至这组"股东树"周围。实勘树的位置后偏移了建筑主体，利用弧墙相接形成了饶有特色的108人大会议室。圆形相聚的座椅及中心天窗光线的组合，使这一因环境而生长的空间更加生机勃勃。

总经理办公区包括办公室、会议室、会客室及秘书室。设计中充分利用北侧龙眼林及内院"股东树"的景观，窗户设计上部30厘米全部敞开，

下部结合使用区域的秘密性设计不同的窗格组合，百叶、玻璃砖及窗格的穿插利用，使不同的功能空间更富有生机与弹性，充分实现了对自然景物的观赏及自我空间与自然的相融。

办公楼设计从建筑形体到内部空间一气呵成，与自然景观相得益彰。建筑随现状自然地貌的起伏及自然树木的有机生长，为设计带来了潜在的动力。建筑空间设计强调建筑形体本身所固有的空间实体。大堂简洁、淡雅。宁静的入口圆顶与丰富光影变化的玻璃天棚相结合，横线条极具韵律感的石墙与弧形墙面有节奏的墙体相呼应，形成丰富而又简约的空间。大厅地面采用斜向铺砌的国产花岗岩，中间点缀当地特产"华安玉"，突出了地域特色。

建筑外立面石材、铝板及玻璃幕墙相间使用，突出材料质感，体现高科技建筑的灵性。石材错缝分块，铝板收边并与铝合金窗体结合，使得窗套与石材形成良好的过渡。铝合金玻璃幕墙强调横竖的材料组合，密布的护窗栏杆形成特有的效果使建筑更富有肌理。所有材料结合产品的深化设计与组合，在造价限定的条件下最大限度地发挥了材料特性。

四、回归自然生态及文化意境的尝试

21世纪的建筑学是更加强调生态环境的建筑学，建筑师从"人类中心主义"伦理观念，转向人类与自然生态相协调发展的生态伦理观念成为必然。对环境的重视将大力发展高效、节能、无污染的绿色建筑文化。北大之路厦门生物园规划及办公楼设计理念正是出于对生态环境的尊重及文化意境的回归。

在业主决策审议设计方案时，福建省各大报纸均在首版刊登新发现的"土楼群"的照片。一个博士激动地对我讲："你是不是喜欢土楼，我们的办公科研区就是一个生态的土楼群！"重新看我的办公楼，扇形斜向中心的屋顶因结构展转两翼翘起，角部的观景平台露空处理恰恰呼应了闽南民居屋脊的两翼。办公楼与旁边科研楼的斜向合抱，形成了绿色相间、形态相连的"土楼"群体。这种高科技与自然生态融合及文化意境的重合，

使建筑设计理念得到了极大的提升。

面对着技术领先的生物制药企业及回国的博士们，我们更强调生物链、生态环等生物科学所涉及的特征，更强调自然景观的特征。尽管一直在回避土楼及闽南民居形态的话题，设计的成果却巧合地重现了民居文化现象。这让我想起早年随单德启先生读书时，在福建对民居艰苦的调研工作，历经福建八县、拍摄几十个胶卷的测绘调研，让我受益匪浅。加上随单先生在桂北地区改建苗寨，研究生期间我在火车上度过了近三个多月的光阴。从桂北的深山中满脸灰土回到桂林时，单先生泼墨题字："脚底板下出学问"，此言我铭记至今。

生物园建筑的灵巧布局及建筑形体的有机生长所带来的丰富的空间，让我对许多肌理复杂的建筑多了一层理解。建筑形体的变异与扭转是依存其特定环境及文化意义的，夸张的、虚无的空间形体是无任何存在意义的。这就是为什么有的建筑外形极具模仿力至而更加夸张，而待究其内在空间及意义却远离精品的原因所在。

生态建筑有着很高的技术含量，包括智能化的一切可能性，造价是昂贵的。或许今天还无法普及生态建筑的形态，但是尊重环境是生态设计的第一前提，在强调建筑标志性的同时迁就环境，才有可能实现多种层次的可持续发展的可能。

五、重访北大生物之园

如今这个充满生机与诗意的生物园已展示于人，由于它与环境的和谐关系，当地人还会记起原来的忠仑苗圃。只不过是北大生物科技的魅力使这块土地充满生机，在随后的日子里每次陪不同的业主重访北大生物园时，仍然会感受到它新鲜的与众不同的气息。

行文至此，还要感谢所有为北大生物园工作过的朋友。北大未名公司总裁潘爱华博士知识的广博及思维的敏锐让我相识恨晚，北大马树孚校长从设计北大百周年纪念讲堂起对我的教益与关心至今犹存，室内设计所设计师及同行的相助让我得以深入地展现生物园的身姿。还要感谢天津建筑

设计院厦门分院的配合设计及现场管理人员、施工人员的努力。多重人力的组合，使我们得以实现一个充满阳光和绿色的生态建筑群体，一个富有诗意、文化、激情的北大之路的高科技生物之园。

（原载于《建筑学报》2000 年第 4 期）

黄河口大剧院

城市文化的蕴涵价值与精神溯源

　　黄河发源于青海巴颜克拉山脉，流经九个省区，贯穿东营市全境，在垦利县注入渤海。在漫长的历史发展过程中，黄河水域不断地迁徙、决溢、淤积，孕育了黄河三角洲，造就了东营人赖以生存的土地。黄河文化自然成为东营文化的渊源，渗透到东营市历史的方方面面，连带古齐文化，石油、海洋文化等诸多文化现象，深深地影响着东营市的自然、经济、社会，形成了富有特色的东营城市文化。

　　城市文化在各种文化融合中逐步发展，以独有的历史背景和人文传统，给城市留下了难以抹去的文化烙印。从可持续角度讲，一座城市既要保护好自然社会生态环境，更要保护好文化生态环境和文化多样性。城市文化不仅仅记录在历史书上，而且活生生地存在于市民的集体性格中。从某种意义上说，城市本身就是文化的遗产，它的精华就是包蕴其间的独特的城市文化的价值所在。

　　黄河为东营市提供了尤为珍贵的淡水资源，东营人有着最浓厚的黄河情结。饮水思源，黄河源成为全长 5464 公里黄河精神寄托的最神圣的地方。生长在源头巴颜克拉山上的高山雪莲在当地被视为神物，有吉祥如意的象征。其种子零摄氏度发芽，在生长期不到两个月的时间里，高度能超过其他植物的 5 至 7 倍。雪莲花五年方能开花，花形饱满色泽娇艳，是风云多变的复杂气候的结晶，是黄河水冰莹魂魄的象征。

　　黄河口大剧院包括一个容纳 1300 人的中型演艺剧院，一个 400 座的多功能小剧场，一组电影厅及餐饮服务用房。建筑造型释义"水城雪莲"，与黄河源头的巴颜克拉山雪莲相呼应，拉近黄河源头与源尾的时空，表现出城市自然历史文化的记忆与延续。大剧院观众厅吸取古典歌剧院包厢式的做法，一层的后排升起，形成了三层楼座的空间感受及有利于建声设计的空间环境，使观众在水平垂直的不同界面上有着优良的心理与视听的感受。

建筑外挑构架为保证效果，采用标准构件在中心处插接，以满足非线性变化的可能。建筑玻璃与钢框架组合的花瓣处理有序而富于变化，表现出花形的优美与分形的自然逻辑，体现建筑的结构特征与形态的视觉突破。建筑形体有如雪莲在风中舞动，突出建筑的音乐与艺术特质，形成丰富的室内外空间环境及东城核心区域的核心。

城市文化这一现象之所以对人来说非常重要，是因为城市赋予了人一种价值。把对人来说是象征性的东西作为一种意义呈现给人，是城市文化的一项至关重要的功能。通过活动系统场景的细节及环境的系统设计，最

一层平面图　　　　　　　　　　　　　二层平面图

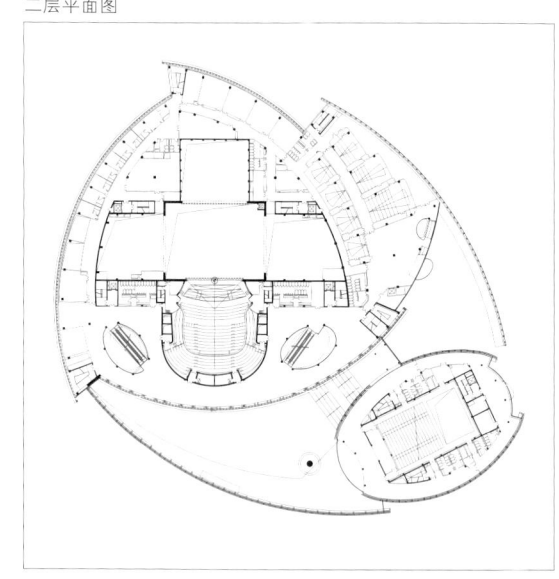

终将文化与环境通过各种机制取得联系，其目的就是促进使用者与场景之间的协调共济，形成有恰当的尺度、合理的功能、崭新的形式的视觉上的中心和使用的主体；并且在日后的使用中，逐步成为市民生活及生命中记忆的重要场所。区域环境的中心建筑的标志性是一个城市的重要需求，城市的发展需要这样的"点睛之笔"。

"黄河之水天上来，奔流到海不复回"。黄河在历史上为文人提供了无限的情思与遐想。能在作为黄河源头和入海口的青海与东营两个城市设计两个剧院，对设计者来说实在是一种机缘。两者一金一银，一团一簇，不同的材质利用、不同的形态表达，既反映着设计师对建筑肌理与形态的关注，更体现出对建筑与城市文化相互关联中所蕴涵的精神价值的思考。

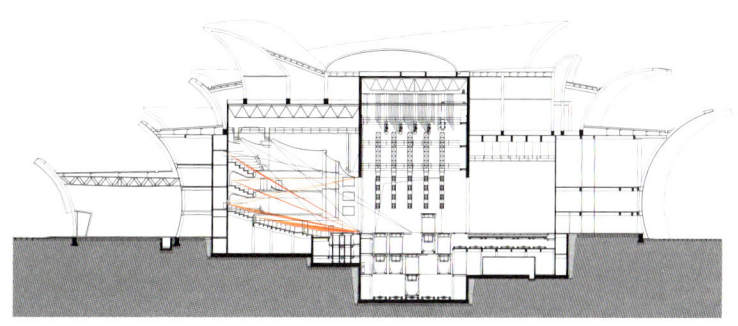

剖面图

第三章

地方的建筑

每一种艺术形式都代表了一种特定的思考方式。建筑所表现出的存在方式、情感以及精神向往的境界都无不与所在的地点、周边环境以及使用者、观赏者有着紧密的联系。建筑往往与当地的气候、制度和习惯相适应，建筑最明显的特征就是它的地区性。

建筑依附于环境，环境因素构成了建筑本性的一部分。环境中的每个部分都是一个独特的地方，一处特别的场所。建筑必须从属于一个特定的地方，一个个驻在它所在的地方环境中。建筑离不开所在地方的特殊环境、背景和持续性生长的当地个性。

建筑建造在一个具体的地方，同地方的历史发展背景相缠结。每一座新建筑需要在一个环境之中铭刻下它自身。这个环境不仅仅是一个戏剧性的舞台，而是环境中所有的建筑所积聚起来的传统。建筑在地方中生长，其角色与周边的环境相依相存，其所做出的贡献不仅仅是简单地"点缀与修补"周边的地块，同时要以恰当的方式进行适度的情感弥合。它们没有顺序、地位的前后高低，而会因它们在不同地点的独特表情被人们记起，至而在许久之后仍会去寻找这个印象。这就是建筑的精妙所在。而正因为有了这种情感的力量，才形成了一个地方的特色所在。真正的地方独特性构成了地方的特征，成熟了地方的建筑。

建筑物的建造地点有着各种"景色"，融合了所在地点的内涵。同样，建筑超出了物质的和功能的需求范围，不会由于需要自我表现而去过多干

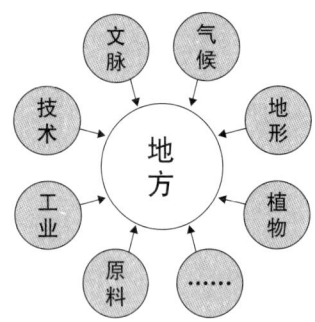

扰景色；来自场地的启发也并非对真"文脉"的简单再现，展示地方的一个方面并不意味着确定它的"全貌"。

在尊重地方文脉的前提下，研究并发展地域文化，努力建造反映当地独特文化特质、满足城市和居民长远需求、功能完善、美丽的并具有地方连续性的地方建筑，是建立区域持久的、具有影响力的目标。

只有极少的建筑能够成为一个地方的标志物，成为环境中的"主角"。大多数建筑的建造目的就是满足人类普通生活行为，最后成为城市的背景。因此，应该更加重视归于生活背景中的建筑。潜心设计出具有独创性、优雅动人的作品，是对地方有益、善意的举动。建筑提供给地方的不单是设计的形象与风格，而是一种环境、建筑、人相互间的关系，而建筑师设计的所有内涵都是从这种紧密的关系中升华而来。

不同地区、不同环境下的建筑在形制上各有特色，这是由自然法则和可用材料的固有品质所决定的。一栋建筑即使气质使然，也需要环境的理解，而这一切应该从融入与突显的反差中呈现。通过使用先进的技术成就将人与其建造的环境有机地协调起来，将建筑物的特性和所在地的特性及内涵相融合，能够利用诸多元素，质朴地表达建筑，是设计成功的开始。

一个好的建筑体验是让人爱上一个地方的"感情配方"。设计的目的不仅是要创造出一个新的建筑物，而且是要明确表达事物之间的因果关系、

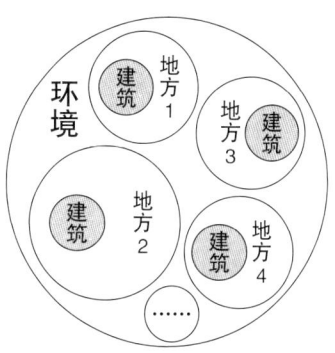

　　延续的过程以及真实的情感。优秀的作品具有永恒的新鲜感，它总是能够重新展现其中蕴含的那些迷，好像我们第一次接触它。越伟大的作品越能抵抗时间，永恒的新颖才能使艺术和建筑结合，成为一个地方的真正的标志。

　　地方无论大小，对于一个人而言，所有地点都是一番大的景象。一个建筑的生命力正是基于其从属于地点的特色之上。建筑在一个地方长久的存在不仅仅是彰显自身，实际上更是在感召一种力量。建筑以其最终建造起来的形式，在有形的世界中占有一席之地。在它存在的地方，在它宣传自我的地方，建筑正完成着一种"表达自己，关注他人"的精神导引与命运归属。

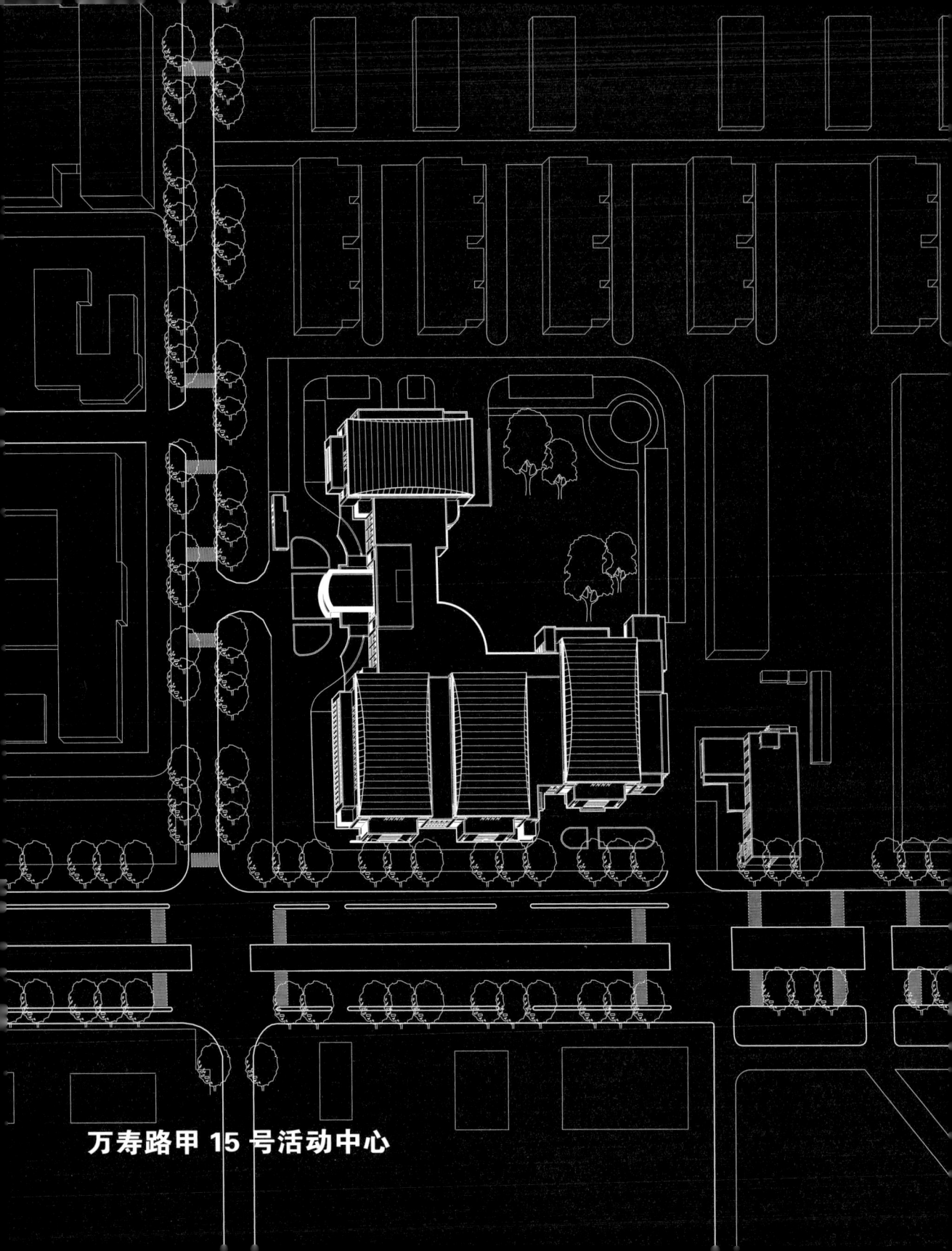

万寿路甲 15 号活动中心

好事多磨的"中标工程"

　　当你走近万寿路，徜徉于玉渊潭南路的时候，在绿色的掩映中你会发现一座文雅的建筑。建筑体量的错动、屋檐的弧线飘逸、断续的墙面，使你不会意识到它巨大的体量，同时也不会过多地关注这个建筑的用途——2001年6月，当我竞赛中标后就是按这样的要求反复深入与完善方案。

　　建筑内部随大小空间功能布局的组合，在有限的条件下满足了多方面的使用需求。设计中充分考虑活动中心的特点及服务对象的特殊性，兼顾西北侧居住区及建筑使用要求进行合理布局。场地中心绿化区结合建筑内部开敞的中庭，形成整个建筑群体的中心，成为整个区域共同呼吸的空间。中庭设计结合休息及交通走廊将绿化引入室内，创造了一个充满阳光、绿色环抱并与周围环境相协调的建筑群体。

　　老龄阶段人身体机能不同程度的退化，对环境适应能力减弱及心理方面变化等因素，影响着老年活动中心设计。设计中除了满足"常规性"功能的硬性需求的设计外，充分考虑活动中心空间的灵活性，最大限度地进行细腻的、具有远见性的、关怀老年人精神需求的"特殊性"设计尤为重要。良好的建筑空间环境品质可以使老年人获得心理领域的认同，轻松自然地完成各项活动，实现建筑的人性化和情感化。

　　由于建筑的特殊位置及周边道路的狭窄，需要考虑建筑形体如何在单一空间重复下减少体量的可能性，将巨大的建筑体量分散、重复、呼应并形成有趣的节奏感是设计中重要的出发点。网球馆利用弧形钢架结构形式形成符合球迹的空间形体；外墙设计的细窄窗体及小尺度的细部处理使建筑更接近于近观的人群尺度，减少对道路及周围社区的压迫感，达到轻松、自然的效果。

在城市中对建筑地域性和场所的关注是建筑师需要重视的一个话题。如何尊重建筑所在的场所的尺度、空间大小、文化脉络，是建筑设计中的重要因素。万寿路甲15号活动中心通过对建筑的格窗、空架、廊台的细部设计及尺度上的推敲而完善建筑主体，试图表达和继承一种闲适的、朴实的京城文化。

东立面图

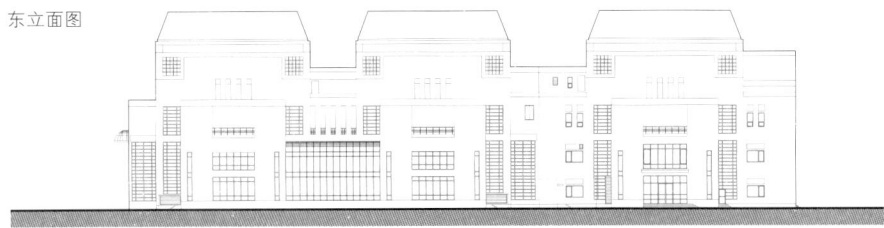

南立面图

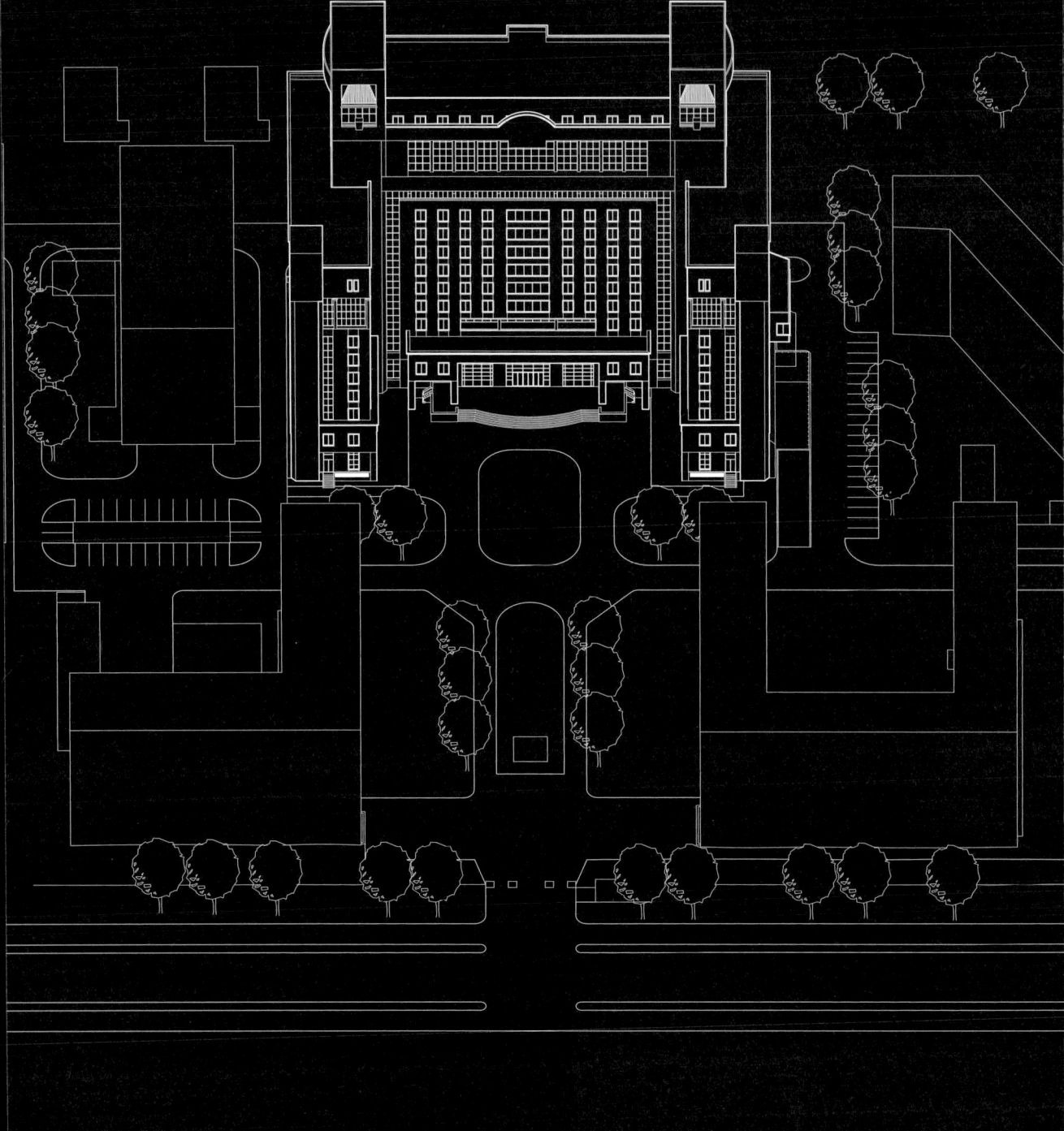

国家林业总局办公楼

理解环境，尊重传统，力求创新

——林业部综合办公楼创作体会

林业部办公楼（即国家林业总局办公楼）拟建于北京和平里东街 18 号原林业部大院内。办公楼的筹建已进行多年，于 1994 年 6 月通过大院总体规划。规划方案将办公楼布置在大院东西轴线尽端的中心空地上。林业部组织多家单体设计方案比较后委托我院承担设计。设计中在以下几方面作了些有益的尝试。

一、理解环境，合理布局

建筑与环境是密不可分的。建筑总是在特定的环境中生存，从而成为整体空间结构的一部分。建筑群体的空间尺度、体量和布局在整体环境中是举足轻重的，一个好的建筑首先是与环境相融、相衬的。环境是建筑群体的空间关系、气势和天际线的综合反映。

林业部办公楼主座朝西，位于大院东西轴线的东端；轴线的另一端为大院入口。从入口到办公楼在空间上由窄到宽，视线上由抑到扬，呈递进关系。新办公楼整体空间序列分为两部分。第一部分为前广场。规划设计中尽量保留原有的环境，保留原有的丛树及草坪，保留原有主席像的位置不动，只是对花台稍加修整，使之尺度变小，高度变低，让人的视线能够望到后面的办公楼。前广场突出绿化，为后一个空间的高潮起衬托作用。

第二部分为主楼广场。楼前广场强调横向，结合铺地、道路横向布置成片绿化。中心设计有绿地环抱的组合喷泉。在广场上点饰树池、花木，活化空间环境。地下车库两个出入口精心设计，隐于楼侧，既满足使用要求，又不破坏整体环境。楼前广场利用建筑"工"字形主体，两臂前伸，与前广场空间相连，创造出庄严的办公楼气氛。大楼底部形成柱廊，为人们休息、交谈提供方便。在主楼后面形成两个装饰性的小空间辅助展厅的使用，利用展厅的弧墙作透空处理，形成弧形的"柱廊"，与外界有一定的分隔。

林业部办公楼尽量在总体上把握建筑在所处环境中的地位，确定它的体量与高度，既为宏伟崇高的部办公大楼营造庄重严肃的空间气氛，又形成了亲切、和谐、丰富的空间体验。

二、注重功能，简明高效

建筑形式离不开其内在功能。办公楼注重其内在的效率，既要为内部提供一整套信息网络系统和办公用房，同时也要为外部的交流、联系提供方便。林业部办公楼主体"工"字形，形成较长的南北向两个侧楼，提供更多好朝向的办公室。办公楼垂直交通体位于核心部位，迅速疏导人流，提高办公效率。

主楼一层西侧为主入口，设有门廊、门厅及中心大厅。大厅两侧布置有值班室、水力报警阀室、总收发室、会客室及展厅。展厅对外设有两个出入口，以便单独对外使用。

二层主要为大、小会议室及贵宾室。大会议室可容纳100人，并附有衣帽厅、休息室、服务间及控制室。小会议室及贵宾室紧临大厅上空、面对内院，景观独具。

建筑内部办公用房依各司局要求分层布置。每层均设有开水间及会议室，并在走廊转角处放宽空间，供休息使用。顶层为森林防火指挥中心用房。这也是林业部核心办公用房，负责监测全国的森林火情。设计中充分考虑其功能要求，并在立面上做了处理，以反映其内在的特殊性。

三、融古为今，立足创新

林业部办公楼力求创新，在形象上追求现代气息，同时注重在空间及形象上寻求中国传统建筑的内涵，并体现时代建筑的特色。

林业部办公楼总体布局依循中国传统建筑的法则，以院落为中心展开，

为人们各种活动提供了场所，有效地组织了视线和空间，从而突出了建筑主体。

建筑依照中轴线而延伸、展开，是中国建筑的一大特色。林业部办公楼沿原有中轴线对称布局，两翼前伸，环抱宽阔的广场，从而形成庄严、宏伟的气氛，同时在副轴上灵活处理，形成亲切的尺度。

办公楼底部基座部分与门廊及后边展厅的围墙联为一体，从材料质感及处理形式上突出建筑。中部通过有节奏的开窗变化以及墙体与玻璃的虚实错动，活跃建筑本体。这种类似檐口与墙体、墙体与基座的"虚"的处理手法，是传统建筑屋身处理手法的体现。

林业部办公楼设计上注重办公功能的完善，对环境空间进行比较和分析，注重对传统建筑文化的汲取。笔者结合设计中的体会草拟此文，以与同行探讨。

（原载于《建筑学报》1995 年第 11 期）

文化部办公楼

东二环上的景象

北京二环路全长 32.7 公里，20 世纪 90 年代中期，路两侧的建筑还稀稀落落，受制于 60 米的限高及每个项目的用地相差不大，使每栋建筑面对城市的表情都力求其个性的突破。东二环路是二环路上办公楼较多的区域，在其北侧不远处坐落着我 1994 年设计完成的文化部办公楼。

办公楼布局结合西侧 50 米的城市绿化带及内部庭院整体考虑，形成良好的办公环境。入口大厅空间两层连通，室内装饰庄重大方。建筑主入口外挑门廊，结合顶部两侧利用文字抽象处理的铜饰，形成颇具内涵的视觉中心。建筑顶部露廊与下部形式相呼应，形成良好休息场所的同时，丰富了建筑的天际轮廓线。

建筑从屋宇变形到整幢建筑轮廓线的处理，从外饰面石材的精心组合到铜雕花饰的细部设计，意在突出办公楼的性质与形象特征。建筑下部裙房采用粗蘑菇石，上部采用人工剁斧石，主体采用干挂烧毛板，不同材质的使用及收檐处的巧妙过渡使整个建筑浑然一体。

二十年后，二环路两侧绿化带的树木已然长大。在缓行的车中我总会寻望隐藏在树林中的文化部办公楼，观察它和别人不一样的仪态。这个建筑曾让我学到了许多，第一次做主持人完成了方案、扩初、施工图的全过程，画了相关的全部主要设计图纸；从年长的建筑师那里学到了许多的设计经验；配合工地的过程，学到了许多的工程施工知识。今天虽然我不一定能经常途经它的身边，而二环路上的建筑已然琳琅满目，但是对我来讲，北京东二环路上最重要的建筑景象仍然是朝阳门外的文化部办公大楼。

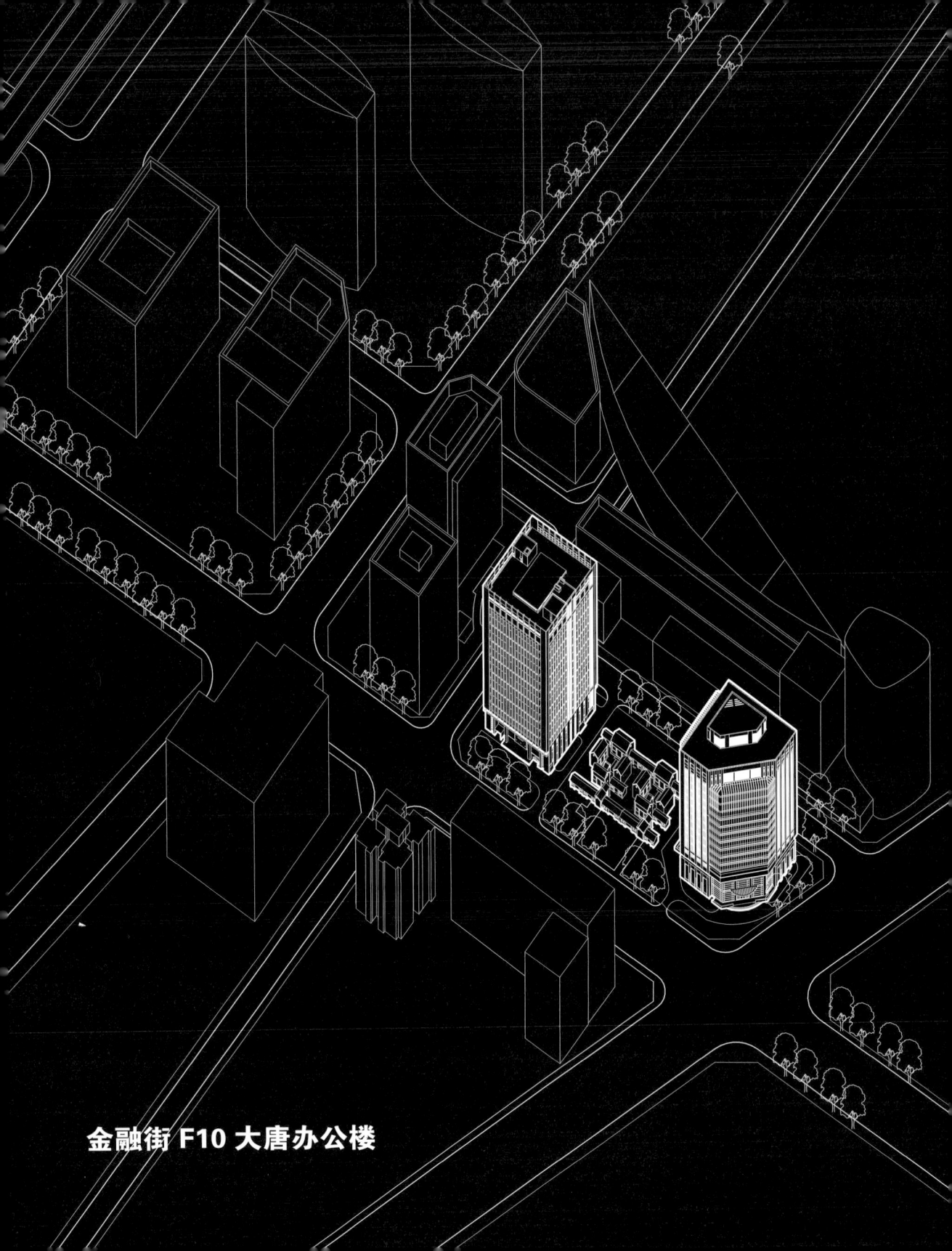

金融街 F10 大唐办公楼

建筑的内在品质与外在表现

北京金融街 F10 地块南临宁伯街、东临赵登禹路、北临金城坊南街。地段内东侧为中国大唐集团办公楼，西侧为北京人唐发电股份有限公司办公楼，两幢建筑中间按规划要求保留四合院和现状两棵古树。

建筑的内在品质是建筑设计所考虑的重要因素之一。建设用地东侧办公楼每隔三层设计一个绿化中庭，以电梯厅前后递进分区设计，为办公人员创造了舒适的休息空间。西侧办公楼一至三层、六至十七层设计两个中庭，中庭顶部为国内较大的单索结构玻璃采光顶。室内设计延续外立面风格，利用中庭的透空，形成丰富和谐的空间形态。

建筑的外在表现是其品质与文化特征表达的重要手段。建筑外立面以干挂伊朗米色洞石为主，间以带状玻璃幕墙。规整有序的体量、精致的形体比例关系，体现出办公建筑庄重、典雅、简洁的风格，同时也与古都北京城市空间向上开敞内敛的天际线协调一致，在金融街众多的建筑中保持其由内到外的品质和特色。

F10 地块的三栋建筑之间同样有着和谐的内在关系，营造出丰富的建筑实体。东侧办公楼，地上 16 层、地下 5 层，以不同的高度适合相邻的空间尺度。东南向主入口顶层后退两层向下跌落，与道路形成良好的避让关系。西侧办公楼地上 17 层，地下 5 层，建筑方正，以简洁的饰面突出建筑的使用性质。中部四合院地下 5 层，与两侧办公楼地下连通，满足功能需求。建筑主立面窗户分格等细部设计兼顾东西两侧办公楼，整体上使两栋建筑有一定的和谐关系。东侧办公楼朝向四合院的体量退后且跌落3层，玻璃饰面可映射出四合院的影像，形成对四合院的谦和关系，建筑主体在顶部休息平台设计及空廊处理上形成与城市良好的"呼吸"关系。

　　建筑的"空间"，包括空间组织、空间尺度、细部设计、使用感受等，形成了一个建筑良好的内在品质；建筑与城市及周边环境的处理方式，通过对退让关系、建筑体量、形体比例、建造技艺等方面的把控，形成了丰富的外在表现形式。建筑内在与外在两种表达方式紧密联系，相辅相成，共同塑造着建筑特有的文化与性格。

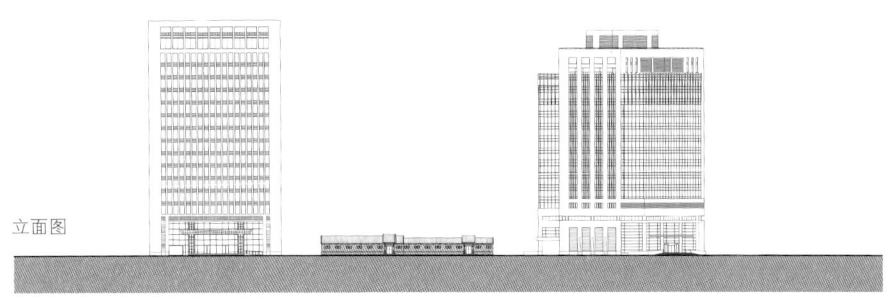

立面图

一层平面图

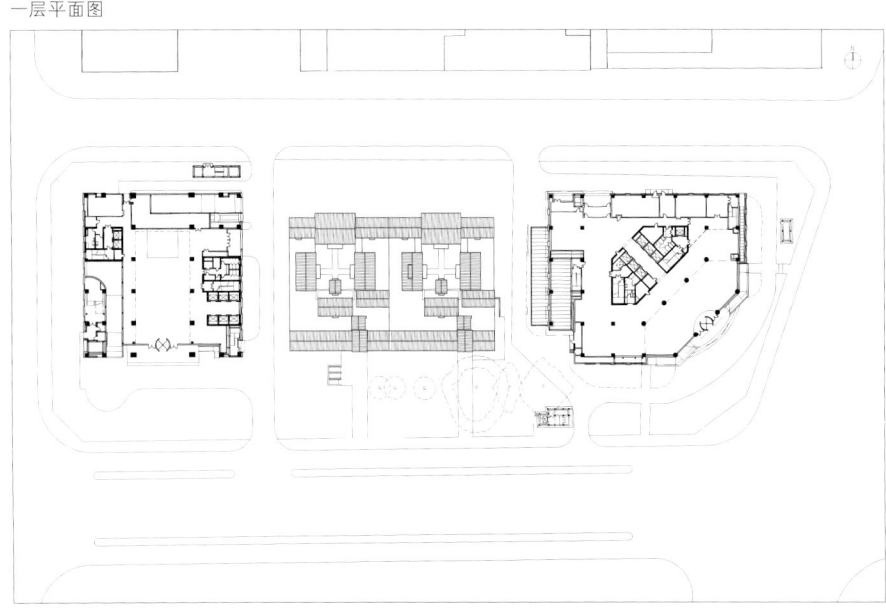

西绒线胡同 12 号办公楼

胡同的"客"与"主"

有着三千多年建城史和近九百多年建都史的北京，是世界上规划最严谨的历史文化名城之一，胡同是北京旧城的重要场景。绒线胡同位于西城区东南部，是北京最古老、最长的胡同之一。在明朝地图上，已有绒线胡同，位置与现在的西绒线胡同大体相当，它东边延伸过去是板桥胡同。到了清乾隆年间，绒线胡同并入，统称板桥。民国二年（1913 年），城墙上新辟和平门，门南侧大街称北新华街，将绒线胡同分为东西两段。到 1965 年，正式将这东西两段分别命名为东绒线胡同和西绒线胡同。

北京城的胡同留下了许多的城市记忆，但是昔日的四世同堂、扶老携幼、东家包饺子西家吃的景象已然成为历史。人们对当下的生活与环境质量的需求，为城市的发展提出了更高的要求。近千年的城市发展，不仅仅体现在建筑形式的表面上，建筑稳定的形式背后实际上有着丰富的变化。

北京胡同看似规则有序，而在具体的每个院落中，其用地的经营、庭院空间的处理、绿化种植等，都体现出其主人内在的意趣和审美趋向。今天留下来优秀的民居、场景文化，都没有夸张的表现，而是在一种共同的秩序下的，由生活中来，维系着生活需求和审美要求的产物。几百年来院落的更迭变化，都是在互相限制与自我实现中互相影响，形成了优秀的文化印迹。

西绒线胡同 12 号办公楼位于胡同西侧，其东南侧为赵朴初先生故居，四周临近民宅。建筑居中布局，整体 5 层、局部 3 层，四周留有空隙，以减弱对周边邻里的影响。建筑留有两个内院，间以绿地，办公用房安全舒适。建筑立面简洁有序，入门处门廊及基座的延伸强调规整、统一，建筑顶部结合通风设备百叶的设计，有效地表达了建筑的形态特征，在减弱建筑主体量的同时也表达了文化的主旨，体现出建筑的性质与气质。

胡同是北京旧城更新改造缓慢的地区，尤其是皇城附近。胡同在城市的发展中也会零星地更换它的"主人"，新的"客人"会不断地在不同的地方出现。西绒线胡同 12 号办公楼建成了，建筑便自然成为这一区域的又一位新的"客人"。我想如果它能够成为和谐的邻居，就应该已经成功了一半；如果它在气质上和情感上成为营造这一区域的一种新的令人愉悦的积极的场所动力，那么它的成功就完成了余下的一半。而接下来的评价将交给今后的岁月，可能 10 年，也可能 50 年之后，当这片街坊改造之时，如果这栋楼会成为一个"主角"，而得到与新邻居的协调，到那时这栋大楼才能真正完成了它生命另外的四分之一。

承载着历史、延续着文化的北京胡同，在城市不间断的更新中见证着历史，见证着城市风景的悄然变迁，见证着胡同的"客"与"主"的悄然转变。

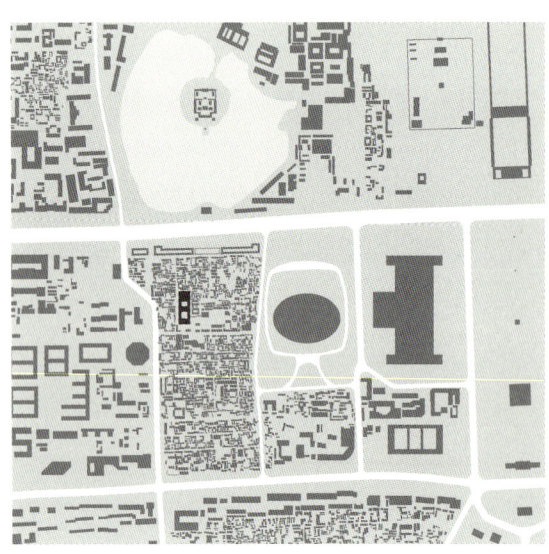

周边环境关系图

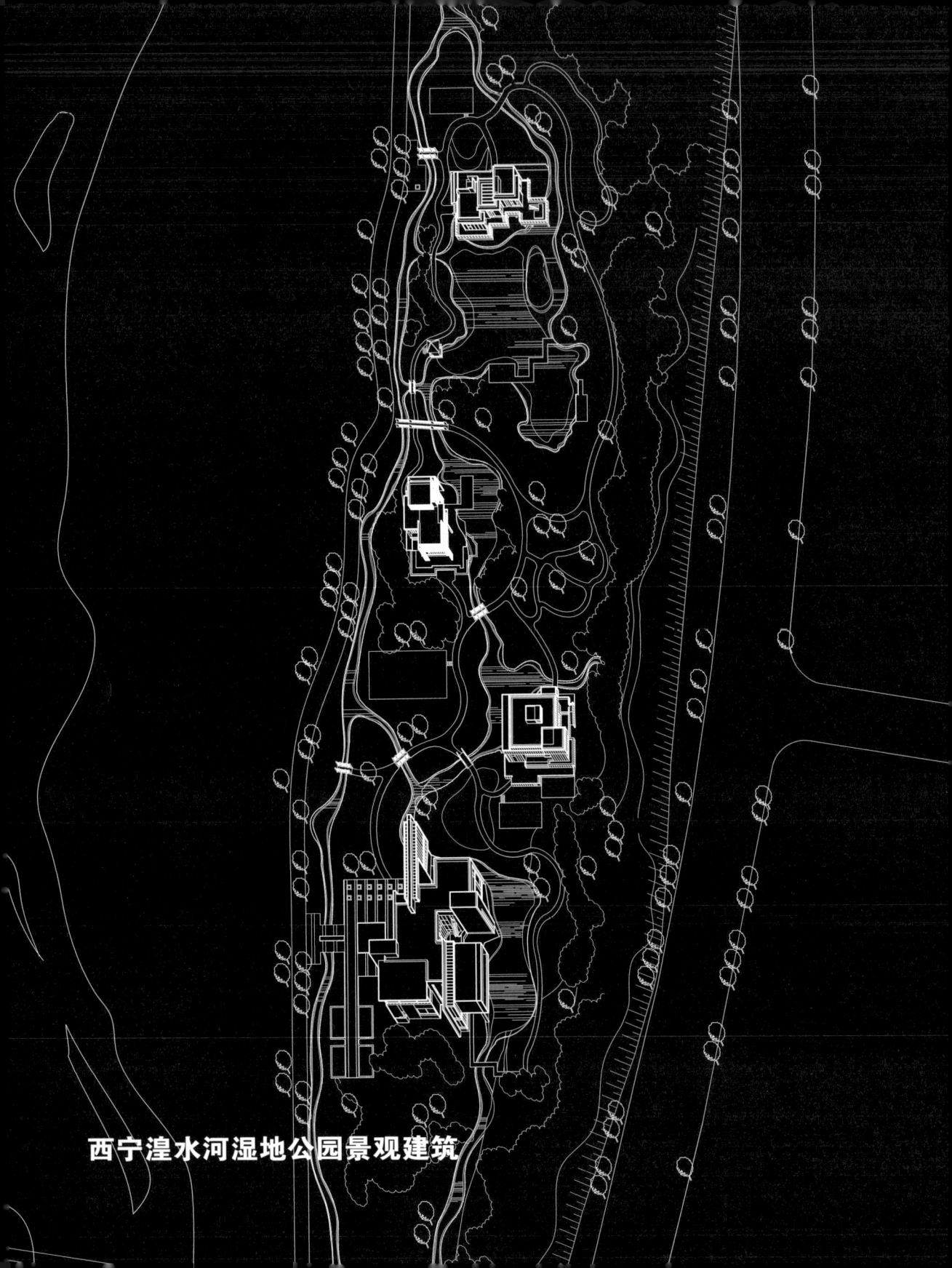

西宁湟水河湿地公园景观建筑

起、承、转、合

——河畔建筑的四种态势

　　湟水河又名西宁河，是流经西宁城北的黄河重要支流。当春夏之际，湟水河上游冰雪消融，水源充足，流至西宁的西郊河、北川河、南川河先后注入湟水，遂河水骤涨，波涛汹涌，故称"湟流春涨"，为西宁古八景之一。北宋李远在《青唐录》中描述当时湟水流域是"宗河（湟水）行其中，夹岸皆羌人居，间以松篁（篁概指灌木也），宛如荆楚（江南地区）。"❶湟水河湿地公园位于西宁市湟水河南岸。湿地公园管理中心主要由四栋建筑组成，包括以会议娱乐为主要功能的会议中心及其他三栋餐饮接待中心。会议中心位于园区入口附近，其余三栋接待中心建筑分散布局于湿地公园园区内，或面山，或观湖，或赏林，由曲径通幽的园区小路交错相连。这种布局强调了人与自然的和谐相融，突出了区域小空间的环境意境的营造。

　　场地不大，建筑散落其中倒也自在闲情，如何建立关系，如何赋予特色，其实是每一个建筑需要解决的最基本的问题。随河脉动的自然景观为环境带来了潜在的视觉动力，四栋建筑的不同态势则顺应并再造了河畔的景观，正如作诗四法，包含着"起、承、转、合"❷。

　　"起要平直"。❸

　　地段入口处建一大厝，建筑隐于树林之中，形态自然舒展，有迎来怀抱之势。同时石材丰富的肌理变化，表现出建筑大气稳重。大、小会议室、

❶ [北宋] 李远《青唐录》.
❷❸ [元] 范德玑《诗格》："作诗有四法：起要平直，承要春容，转要变化，合要渊永。"

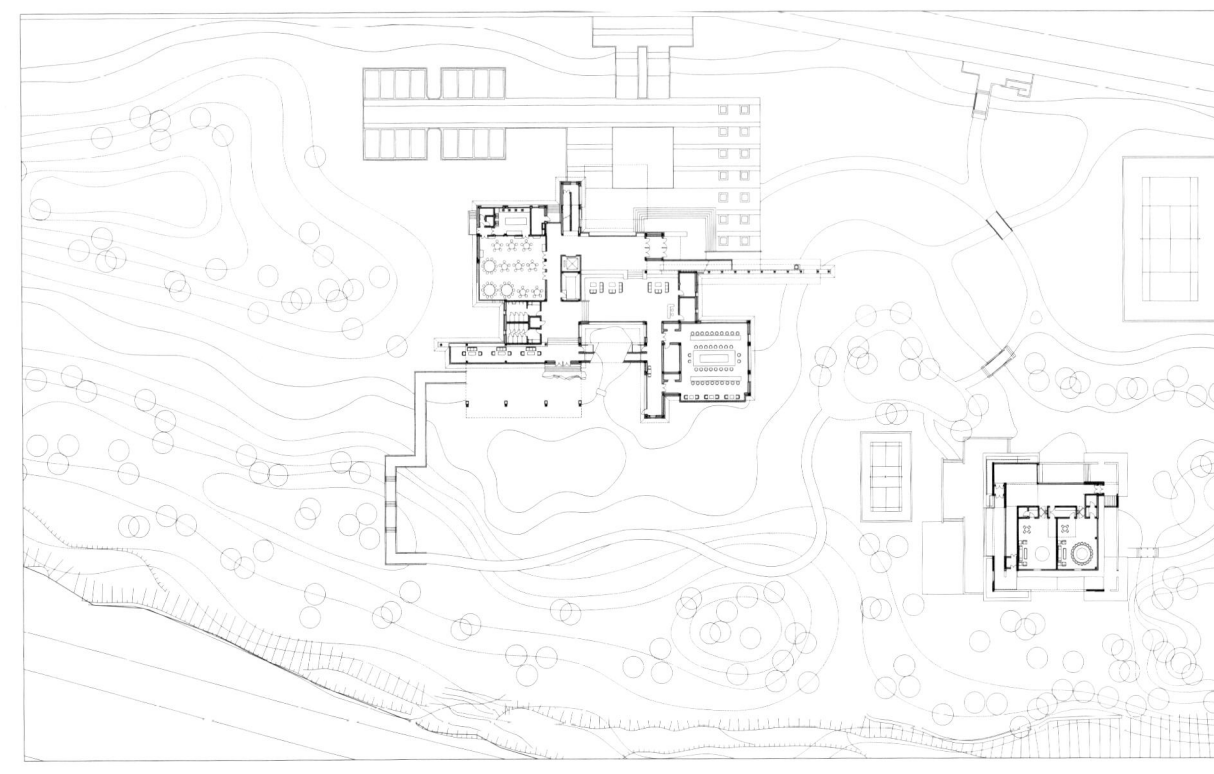

一层平面图

餐厅等功能围绕着中心的休息厅沿不同枝干排布，结合不同方位的观景平台，形成集观景、会议、交流于一体的建筑空间。

"承要春容"。❶

在地段林道面湖一侧筑有一木屋，中部的公共空间有效地联系左右活动的两个大的餐厅。从入口经室外回廊、中厅至餐厅的曲线设计，以及进入餐厅豁然开敞的感受，体现出住屋与自然的联系和居者的寄想，营造出平和、绵长的空间与情调。

"转要变化"。❷

在地段中部临水处的餐室围绕水面旋转布局，建筑外饰面采用了预制混凝土挂板，形体平直拉开，似阁一样转动。建筑强调空间之间变化的随意性和流动性，同时也着意于人在游览过程中不经意地看到其他的建筑而想象自己的方位的瞬间感受。

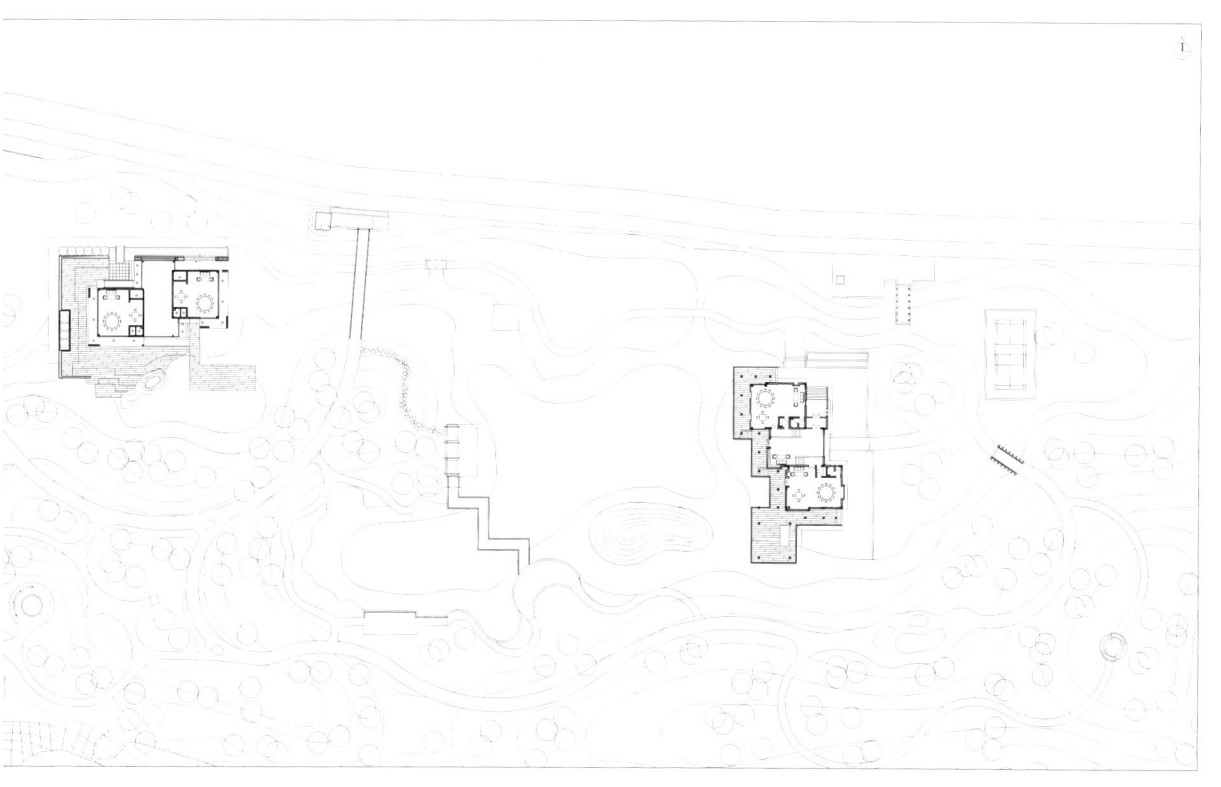

"合要渊永"。❸

　　在地段尽端山坡之上，建成一个可以拾级而上、眺望园区的宅所，建筑外饰面以喷涂为主，形体之间的错落为内部空间提供了别致的景色。建筑的中厅与平台连通，可俯视周边的水面，并有楼梯可下至水边，静享湖畔的闲趣。

　　建筑的群落布局存在于经意与不经意之间，中国传统民居正是随着人们生活的变化而逐步衍生、形成了丰富的聚落环境和乡土气息。建筑位于地段内，远、中、近"三点一线"的动感的思考为设计带来了新的可能，建筑之间有致的转接和弹性的释放营造着人们丰富的生活场景。一系列建筑空间恰如诗文的抑扬顿挫，起承转合，随着场景的变幻呈现出妙曼无穷的光色后，便又重新回到自己最初的气息中了。

❶～❸［元］范德玑《诗格》："作诗有四法：起要平直，承要舂容，转要变化，合要渊永。"

第四章

乡土的记忆

中国不只是一道城乡风景，更是一个城乡国度。费孝通说："从基层上看去，中国社会是乡土性的"。[●] 著名经济学家周其仁在其新著《城市中国》中，更不回避乡土乡情对人生活改变的影响。乡土对于一个区域和生活于此的居民来说是极其重要的概念。

传统文化迅速消失以及全球化使每一个城市都呈现出几近相似的风景。越是有着古老文化的地方，反而越是出现了严重的同一化现象。在高速城镇化的中国，乡村到城市的移民及由此产生的涵化，急速转变的世界观、理想、生活方式、社会结构以及文化等其他因素，都成为环境转化的生动实例。

文化正以更加复杂的形式处在传统与现代的夹缝中，当社会发展到一定的阶段之后，必然会滋生对乡土文化的思念，从而引发人们对地域文化的关心。社会学上把这种冲动叫"乡愁"。社会依靠共享某种乡愁，从而得以确保和强化整个社会的统合性。

人类在传统建筑和乡土建筑中不仅仅创造了实用的结构技术，并且从舒适和实用中创造了空间，利用当地材料建造出富有特色的乡土建筑。乡土性总是不知不觉地悄然显示出它的价值。寻找乡土文化与当今的区域文化间的交流和共融的新的文化力量是非常必要的。

❶ 费孝通. 乡土中国 [M]. 上海：上海人民出版社，2006.

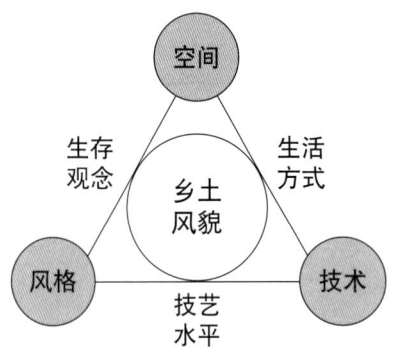

建筑本质上不仅仅是房子，更是思想、感情、想象和记忆。记忆不是简单的一段时光的反溯，不是一个具体时间下建筑的保留与翻建，是建筑本体存在的重要的精神要素。建筑与其他艺术品不一样的地方，正是其表现及使用的真实性。建筑所唤起的记忆本身就是要提供普通的人所能感受到的真诚的环境。

拉斯金在其著名的《建筑七灯》一书中提出优秀建筑的七个标准 ❶ 之一的"记忆"，强调的是来自过去的城市和乡村景观的建筑的诗意和灵感价值。约翰·伯格（John Berger）亦说："记忆行为有各种各样的可能性，它们彼此交织。影像、思绪、形式、言辞、符号、对照，他们开启了各种方法的可能性"。

人类生活的丰富性依赖于我们记忆过去的能力。文明的进步带来了新的生活节奏，而人们所归溯的可能仍然是其最习惯的、深入人心的属于当地的"记忆"。记忆成为具有意义的事情。

不同的地方需要不同的生活与文化表达方式。在发达现代的区域，可能一片墙、一个影像也能唤起某种温馨的感受；而在二三线城市，片面地强调其形而上的艺术，往往达不到应有的效果。一些商业街的规划、形态

❶ 拉斯金在《建筑七灯》中提出建筑的七大原则："牺牲原则"、"真理原则"、"权力原则"、"美的原则"、"生命原则"、"记忆原则"和"顺从原则"。

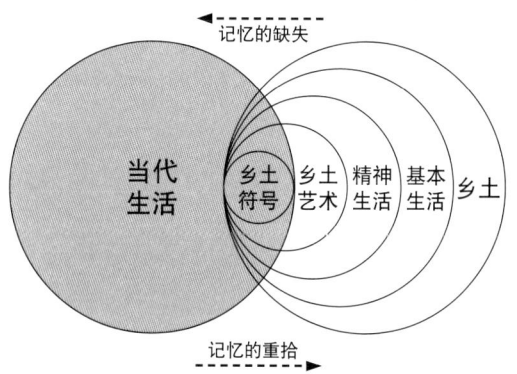

处理，也都是由于没有和当地人的情感结合而失之交臂。记忆的经验可以使我们理解如何能够从客观的角度考察某个话题，将内容重新丰富起来。

2011 年始，中国城镇人口占总人口的比重首次超过农业人口，新的城镇化运动可能带来诸多的问题，也可能成为建立城市理想之乡的契机。塑造并倡导具有交通畅达的人口密度、有活力的公共场所、有特色的开放空间和高质量的基础设施的新兴城市街区，以加速稳定可持续的城市增长需求并且使得城市及其居民可以与自然、邻里和谐地生活在一起，关注建筑与城市的相融关系与发展的弹性，为街区、城市及整个区域提供可持续发展的、健康的平台，是设计的重要前提。

乡土生活是人类不应遗失的记忆。从马尔代夫到中国的苗族聚落、从城市中的乡情到村落中的生活，随着人类生活现代化的开始及情感的悄然失去，人们无时不在寻找自己久违的记忆，一种归于乡土的记忆。

通辽市孝庄河景观规划

适度的废弃景观利用与适宜的文化表现

——以孝庄河景观规划为例

城市区域的扩大、城郊区域边界的模糊与外延的变迁，使城市中出现了许许多多废弃的资源及土地。如何通过设计的景观提升环境、融入文脉，将时间与自然结合进入深层次的城市角色，挖掘废弃景观的再利用潜质，是改善城市环境与文化氛围的重要途径，是城市文化景观再生的前提。

景观不仅仅是再造风景，如果仅仅从视觉、形态、生态或经济角度研究景观，不可能发现景观与城市复杂的内在关系和结构。从特定的景观学角度出发，理解环境营造与文化意念的关系，以及在社会中大众化的文化意涵对景观塑造的影响至关重要。

通辽市城区面积约6万平方公里。新城区沿南北轴线顺辽河往北延伸。孝庄河即是新城南侧的十字景观东西轴线的重要景观带。河道因南侧有辽河旧称为二道河子，后改名为孝庄河。规划中约20米宽河道两侧预留30米宽绿化带，形成沿河景观公园。由于缺乏进一步规划设计，沿河公园绿化形式单一、商业氛围不足、文化气息淡薄而逐渐与城市生活脱离。在这样一个背景下，我们承接了孝庄河整体改造的景观规划设计，以期通过对城市原有废弃用地的整治，对静态绿化的激发，重拾潜在的场所现象，解决好城市周边普遍存在的废弃的、功能欠缺的景观用地与城市实际生活的关系，营造适合社区发展的丰富性及寻获属于一个场所的，并能持久对场所起作用的特质，寻获场所中真正感动人的动力。

一、废弃景观再利用之"度"

废弃景观的再利用是城镇化进程中城市面临的重要课题，在欧洲曾一度作为城市资源再配置过程中的一环，成为城市更新的重要举措。将原有的城市记忆融入现实的城市生活是缓解诸多城市面临的矛盾与压力的一种途径，客观地评价和利用有限的基地因素是景观设计的重要依据。

孝庄河的前身二道河子因莫力庙苏木以南 24 闸排水和北线通开排水在通辽双泡子电厂南二公里处交汇而得名。源头地处开发区辽河镇杜家村东南 800 米处。河道河水 2006 年停止排污，于河道上游规划污水处理站，将污水所含的污染物质从水中分离去除；于河道附近设水质监测站，跟踪监测水质变化；通过"城市污水净化"引入清洁水源，创建新的河道生态系统，经系统改造成为清水。经上述处理形成了城市新旧城接合处的重要的河流资源。

孝庄河全长 28.3 公里。由创业大街至建国北路的河道经过五条城市主干道，共六个区段的河道全长 5.2 公里。河两侧预留 50 米绿化带，中部成

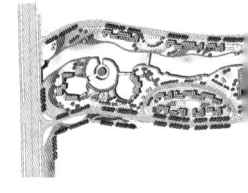

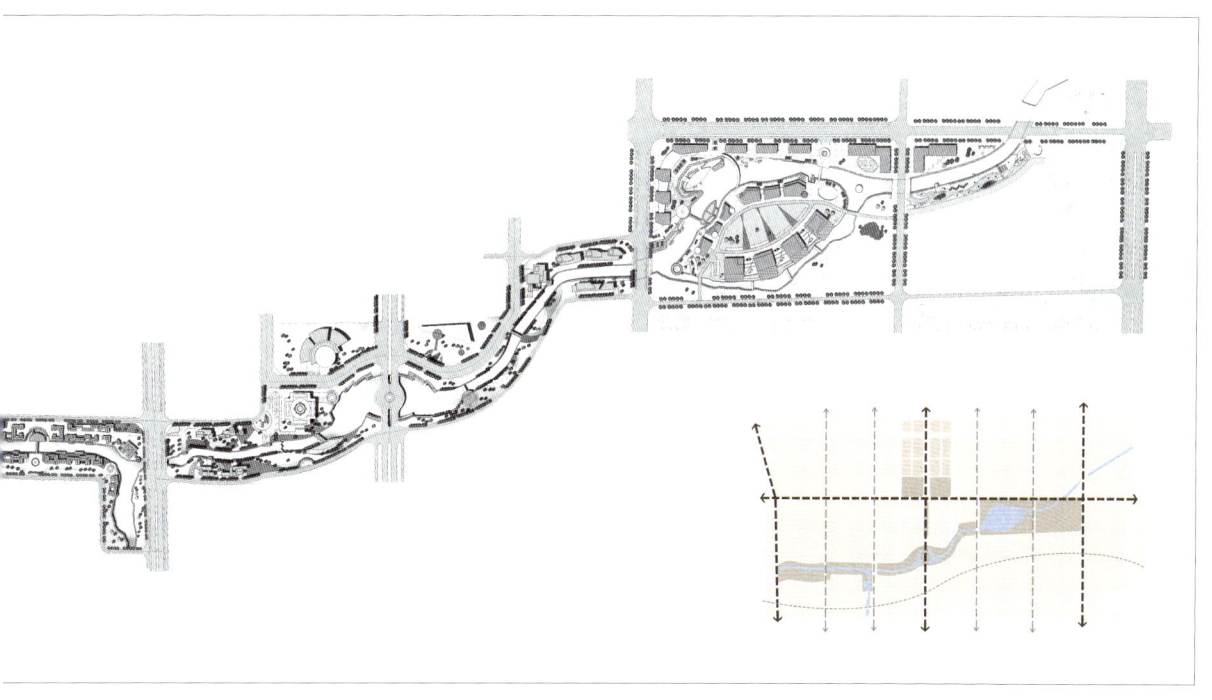

吉思汗大道为城市中轴线，河水由西至东流过，东侧迂回向上，为城市提供了蜿蜒的滨水形态与街道空间活力。

二、基地重拾之"法"

如果说设计城市的目的是增强并丰富居民的生活，那么连带的服务内容及范围的多样化就成了必要的前提。同时，与属地人的生活习惯及地域的文化一体，其生长的连续性也是非常重要的。孝庄河的价值不仅仅是城中的一片绿地，也不仅仅是有利于周边土地所有者建设住宅片区的条件，它是城市的一个基底，是为建筑设施、社区生活及自然环境提供"场所"的地方，它连接着历史、土地及生命。

景观的效应在城市中已经延伸为一种综合的艺术形态和战略的思维模式，它越来越与城市生活相融，成为公共服务的新型景观。不再是仅仅局限于生态、自然景物而带来的心理感受和某种文化怀旧的补偿，而是积极地提供社会服务，将人的活动及日常的生活经验提升至适合现代生活的高度而带动景观的更新。将景观建筑和都市技术结合以形成新的灵活和自发的建筑肌理，从而促成了新的多样性景观；也可以适应项目属性变化，从而保证整体的景观带的完整性。

河、廊、桥、道：水以其温柔而持久的力量孕育了城市，河岸赋予了水特定的形状与性格。孝庄河景观沿河道形成了空间序列，跨越 6 个区段、5 条城市干道，废河改造后宽窄有变，结合周边使用，形成生动有趣的河道景观。桥下修涵洞，河上架有人行桥，结合散步道形成了连续的步行空间，使人们可以静享河岸景致。

沿河两侧的绿带随河道的宽窄变化及城市区段的调整而有序延伸，形成有着多种城市功能的绿化廊道。这里不仅提供着集中的自然风景，同时也形成了现代人闲息、健身、交流的精神场所环境。

结合运动健身的散步道蜿蜒地环绕沿河两岸，河上一座座形态各异的人行天桥将两岸景观连为一体。同时结合涵洞的设计，将全长 5.2 公里的河道连接起来，形成一个城市安静的绿色景观。

园、街、场、湾：在河道的入口处及收尾处，设计有开阔的景观广场和主题性的功能场所。源头的生态利用展示，起始点的运动服务设施为景观增加了新的意义。同时在河道的中部沿城市中轴线的主干道两侧左右各四组相应地设计有文化性场馆，形成主题性的文化场景展示区。

在中心区西侧，沿笔直的河道两侧设计以科尔沁文化为主题的商业步行街，既为城市补充服务功能，也为场地提供综合的服务。街区的商业步行模式，采用整体布局与河岸紧密衔接的手法，形成富有蒙古特色的塞外江南风韵，激活两岸的民俗商业价值。

在商业街东口设有一塔，可登高眺望城市的风景。塔不仅是视觉上的一个焦点，更是一个连通河岸景观的主题性标识。塔的造型看上去熟悉，但实际上在所有细节上没有一处和明清古建筑一致。其烘托出的圆润宏大的气氛、转折处圆弧状的形态，均结合元代建筑的意象做了一定的处理。中国几千年的历史伴随人们生活影像的建筑物，实际上都在不断地变化、和谐地延续。

孝庄河的景观设计利用不同要素的变化，利用弯曲、并置、渐变的表面，创造了联系场地与城市之间的内外空间及场地连续的景观形式。利用属地人熟悉的、外地人想探求的，能够为属地人提供日常功能，为外地人提供便利服务的方式和方法，尝试着表达人与城市、自然有效的空间联系，完善一种属于当下生活并连接今后的一种生长的景观环境。

三、文化表现之"宜"

景观不单单是文化的载体，更是积极影响现实生活和文化现象的一种工具。景观并不只是田园牧歌式的景象，而天然成为一种制造和丰富属地人文化的重要介质。环境的多样性由景观要素的多样性与人群的多样性共同决定。文化不是经过"设计"得到的，它经过了时间与空间的双重定义，是祖祖辈辈无数个体沉淀的产物。尽管城镇化的过程往往会融合地域的差异性，但活动潜在因素突出的变异性造成的相关场景的多样性，可以成为地区发展的催化剂，并与地块相关群体的数量和属性息息相关。

孝庄河景观文化建构，有意识地打破原有线性空间形态形成的单一空间模式，试图塑

造多种城市空间形态的相互交织，为续写城市中的人文经验提供适宜的基底环境。景观设计核心就在于在更广阔的文化环境中拓展空间，发现文化深远的动力，而不仅仅是昭示一种美学的风格。景观的文化意涵和意象是不可分割的。

日常居民体验景观并非在刻意的状态下，更多的是通过生活习惯的经验，而不仅仅凭视觉的感受。他们对于场地的印象会与感知的意义关联起来，所以在一个文化特征十足的地区恰当地运用人们熟识并能共鸣的文化因素非常的重要。

河道周边场院的设计及主题性庭院的立意与科尔沁文化及孝庄文史考证相呼应，为场景提供了一种潜在的文化影像。通过整体的风格设计，暗示区域文化的特性。使身在其中的人感受到自己是群体的一部分，是精致的文化的场景的一部分。这种参与性与共感力使得景观功能与城市及市场紧密相随，形成了一种适应新的社会生活延续的文化形态。

建筑单体的设计采用蒙元建筑的"弧"形处理，表达出一种成熟的、安静的建筑形式的状态，结合内外场院的关系，形成了有着属地特色的建筑群体。同时，商业街区、塔、商业中心及中心文化建筑的不同体量及造型的处理，也使沿河景观别致而富有变化，形成了一种文化的思考与生活现实的共鸣。

四、景观再造之"新"

城市发展进程中的景观不再只是园林艺术，而是城市生活与文化的载体；景观视角下的现代城市，不再仅是单一线性的，而是多样复杂的。以此视角为指引下的景观再造注重景观对城市特色与形象的突出表现，建筑

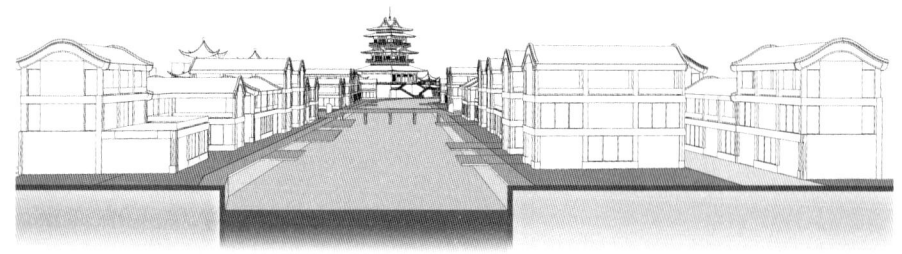

师从对空间几何形态的关注转化为以城市居民生活方式为基础的对地理、人文、生态等要素所引发的多元关注，用一种超越视觉的意识力去表达对城市未来的关切。

通过这个与场所记忆紧紧联系的项目，我们希望这一基地有机会延伸到未来，在文化构想中获取新的地位和价值。而这种价值的呈现，来自于抓住景观资源的文化特质，并将其作为城市发展的一种原动力，基于对大地物理与人文属性的再次解读进行新的场景描绘，用当下的生活去昭示未来的田园。我们希望看到，城市的文化在为群体定义的同时，也转化为单一个体对城市的情感投射与自觉维护，城市包容个体差异，最终促成城市发展的良性循环。

区域的景观形成会在自然力不断改变下而适应着复杂的社会现实，会留下自然、文化生活之间的联系，与今后可持续的关系。这种动态成长的方式将和城市北部区域形成有着重大的联系。如果在日后能够让人们记住这是科尔沁腹地的景观，这是孝庄故里的河道，这是属于当地草原人的值得回忆的生活幸福和应记住的文化映像的话，那么，所设计的景观、重拾的基地所期许的现实意义，才能真正地展现，并留下一个不能忘却的记忆。

参考文献

[美] 道格拉斯·法尔. 可持续城市化——城市设计结合自然 [M]. 北京：中国建筑工业出版社，2013.

[美] 瓦尔德海姆. 景观都市主义 [M]. 北京：中国建筑工业出版社，2012.

[美] 麦克哈格. 设计结合自然 [M]. 北京：中国建筑工业出版社，1992.

[德] 迪特尔·普林茨，城市设计（上）——设计方案（原著第七版）[M]. 北京：中国建筑工业出版社.

[美] 阿莫斯·拉普卜特，文化特性与建筑设计 [M]. 北京：中国建筑工业出版社.

[美] 巫鸿. 废墟的故事——中国美术和视觉文化中的"在场"与"缺席" [M]. 上海：上海人民出版社，2012.

马尔代夫 Nolhivaranfaru 岛救助住宅

无情的海啸，盎然的生机

——斯里兰卡、马尔代夫灾后评估及重建考察散记

2004 年 1 月 10 日我刚刚从内蒙古锡林郭勒大草原归来，院里便通知我随商务部考察团赴斯里兰卡、马尔代夫进行海啸灾后评估及重建考察。于是调整一下行装，将刚承接下来的设计任务及院内工作安排好，带上草图纸和笔，注射必要的预防针剂，便整装出发了。

斯里兰卡是印度洋上的一个岛国，南北长 433 公里、东西宽 244 公里，人口仅 1900 万人。海啸给这个岛国带来了巨大的损失，渔业、旅游业两个支柱行业受严重影响。中国政府官方承诺将为斯方提供的 2500 万美金的援建资金，用于修复受损最重要的 10 个渔港，使其尽快恢复生产。

沿斯里兰卡西侧海岸线南下 120 公里，考察团先后考察了 Panadura 等 6 个渔港，并抵达灾情最重的 Galla 省，重点考察了受灾情况。灾后 20 天，中心城区仍然弥漫着浓烈的消毒水味道，受损的铁路正在被分段清理，倒塌的房屋瓦片随处可见，看到从废墟中抬出的一具尸体更是令我们触目惊心，可以想象，在之前的二三周，灾情是何等的悲壮。

马尔代夫在印度洋西南方，由近 2000 个珊瑚礁岛构成 19 个环礁，其中只有 20 个岛屿有人居住，人口 28 万左右。岛屿平均海拔 1.2 米，海啸之时大面积岛屿被淹没，有 13019 人没有被安置。按照当地政府要求，目前最为迫切的是建房安置受灾居民，实施安全岛计划。政府拟在一期修建三个安全岛，其中有基础设施的 L·Gan 岛距首都马累 150 海里，条件较为成熟。经考察约 3 万美金可以建一栋 90 平方米二层住宅，以中国承诺的 3000

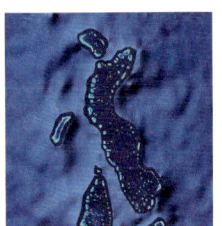

项目区位

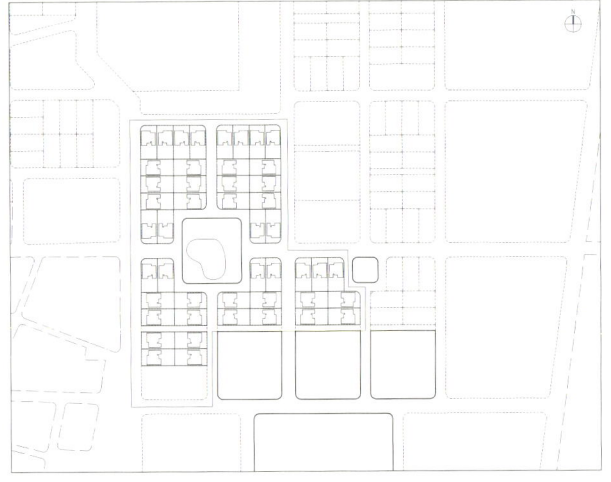

总平面图

万人民币核算，大至可建近百套住宅，为灾民提供安全的居住环境。

马尔代夫境内星罗棋布的小岛上分布着世界上绝无仅有的特色酒店。我们住在 fullmoon 岛，每天早出晚归，海滩近在眼前却无暇享受，以至于凌晨五点乘快艇赴 L·Gan 岛机场时，酒店竟误认为中国人趁着夜色"逃跑"。第二天离岛前的片刻时光，天还朦朦亮，我坐在木质平台上，用酒店的笔和纸记录下了小岛的风景。行笔匆匆，但现在读着还是留有无限的遐想与温情。

斯里兰卡首都科伦坡是个绿树成荫的城市，当地人灰棕色的皮肤、充满野性和神秘感的眼神给我们留下了极深刻的印象。商务部要求我们重返科伦坡洽谈铁路援建合作事宜，随着飞机徐徐降落，看到那成片的绿地感觉是那么的亲切。茂盛的古树与白色沙滩的马尔代夫礁岛景色形成了鲜明的对比。

中国驻斯里兰卡大使馆对面耸立着我院二十世纪七十年代设计的斯里兰卡班达拉奈克国际会议大厦。在当地提起班达拉奈克面际会议大厦，人们都赞不绝口。的确，宽大的屋檐，高挑的柱子，入口处门柱处理与康提（kandy）古城庙宇柱式呼应，墙体细部处理及可活动的玻璃百叶的构造设计，以及室内装修材质的选择、暗红色的大胆运用，无不反映出建筑师成熟而富于修养的建筑设计造诣。它是我院老一代建筑师们创作的艺术精品。站在斯里兰卡班达拉奈克国际会议大厦面前，我们不禁感到非常的自豪与荣光。

当结束考察重新投入工作之时，十三天考察生活的一幕幕场景让我们感动不已。这是考察团全体同志终生难忘的一次经历，一次肩负重任，为国、为院尽责的经历。

（原载于《筑文报》2005 年 2 月 28 日 第 5 期）

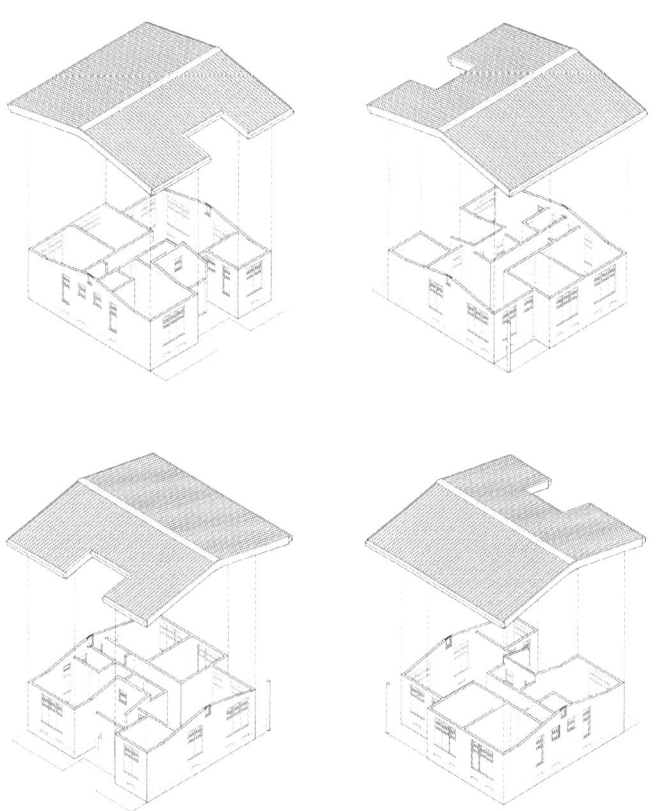

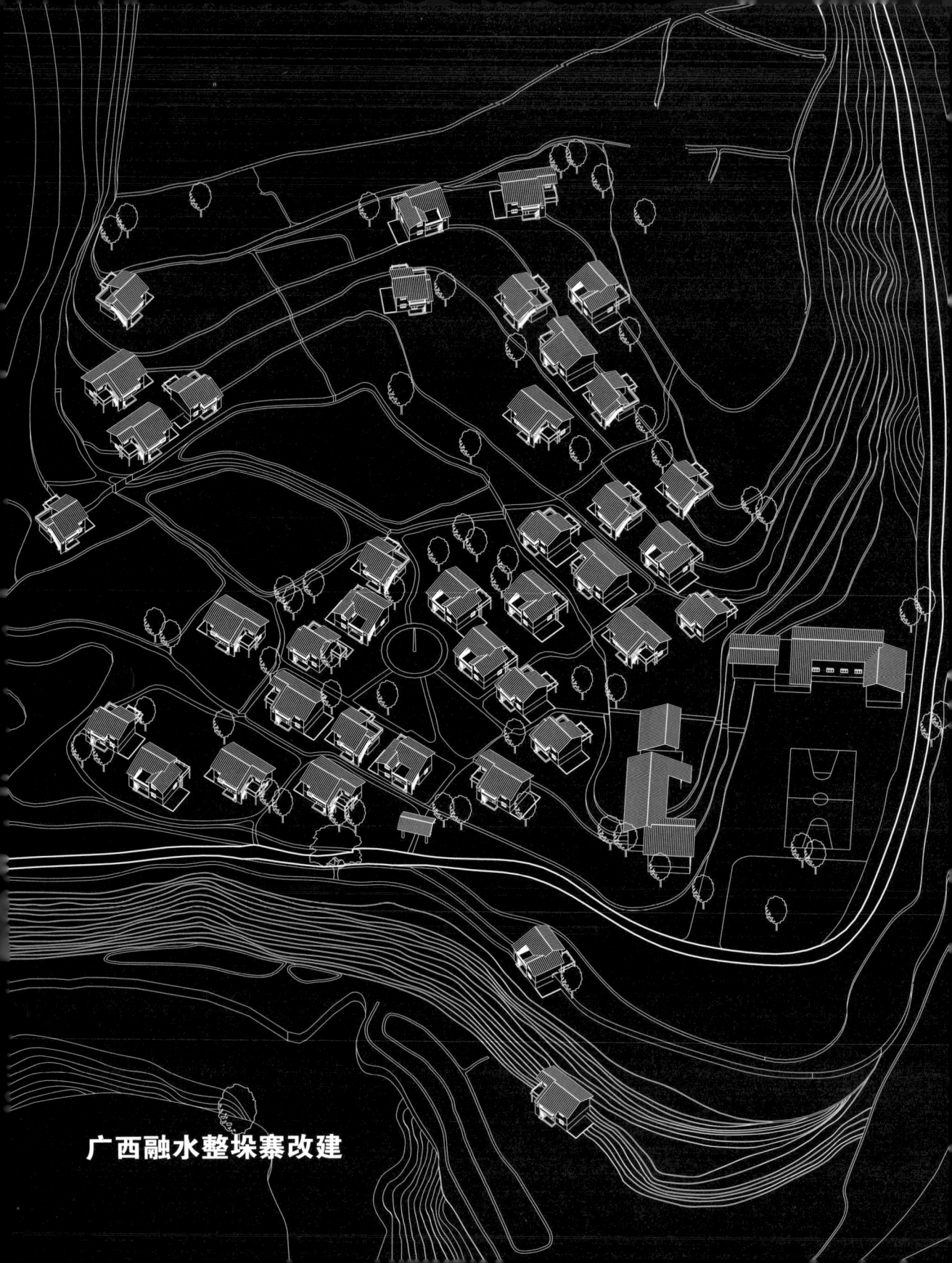

广西融水整垛寨改建

苗寨干阑式木楼改建的探索与实践

融水苗族自治县位于广西壮族自治区北部，县城版图形似板斧，是历史上自然形成的"千里苗疆"南大门。这里风景秀美，占时就有"桂林山水甲天下，融州山水甲桂林"之说。

生活在山区的苗族兄弟，至今仍居住在干阑式吊脚木楼里。这种居住形式适应了当地山多林密、气候湿热、地形复杂等特点。在与其他民族的交往中，融水苗民逐步形成了自己独特的风俗习惯和地方文化，形成了特色鲜明的居住环境。

传统的干阑式木楼极易引起火灾。据统计，融水县从 1949 年到 1990 年平均每年烧毁木楼 510 间，烧毁粮食 76.3 吨，累计损失超过 1 亿元，共有 132 人在火灾中丧生。1990 年又有大火五次，除一次为人为纵火，其余皆因煮饭、照明引起。

与此同时，森林与耕地的长期短缺，使苗民无力大规模地兴建这类耗材巨大、浪费土地的木楼。改革开放使农耕社会自给自足的小农经济也发生了很大的变化，民居聚落的居住环境同当今乡民大众的交往、生活等产生了严重的矛盾。传统的建造方式、材料、传统的居住模式随着现代经济和文化的渗透受到了强烈的冲击。

融水县民居改建工程公司早在 1987 就开始了民居改建。到 1991 年 4 月，在短短的 3 年多时间内通过采用水泥空心砖砖混结构，共改建 1125 户，15.2 万平方米的木楼；由旧木楼拆卸下来的好木料已有近 4 万立方米支援

乡民设想的家
❶ 贾应发 绘　❷ 贾运福 绘

乡民参与现场照片

国家建设，节约建房用地 3 万平方米。改建改善了居住质量与环境，使当地居民实现了初步的"安居乐业"。民房改建公司为乡民办了一件大好事。

由于历史、地理、社会诸多因素的制约，融水县长期以来一直处于贫困落后的状态，是我国典型的"老、少、边、穷"地区。毗邻的贵州、湖南等地的经济和地域情况大体相同，这里号称"九万大山"，周边共有 17 个国家级、省级贫困县，年人均收入在 200 元左右的占 65% 以上。在这样一个复杂而又贫困落后的地区如何推动民房改建的工作、改善乡民的居住环境是个全新的课题。传统民居聚落的改建除了解决日常居住的基本要求外，保留原有聚落的整体环境、延续原来聚落的文化模式、发扬民族文化，都是有待深入探讨的重要课题。

一、整垛寨现场调查

整垛寨位于广西第三高峰元宝山山麓，较完整地保留着苗族的生活习俗。整个村寨面向元宝山，山脚下元宝河沿寨而过。寨内结构完整，空间疏密有致，内有芦笙柱、芦笙坪，村口有一古榕树与元宝河畔的古松遥遥相对。乡民旧木楼材料差，私有林木成材林少，年人均收入算上实物不足 200 元，十分贫困。

1991 年 3 月，为对住户现有的居住形态有了深入的了解，笔者实地对旧木楼进行了逐一测绘，并对整垛寨乡民进行了问卷调查。在调查表的最后，留给乡民一个自我表达愿望的机会。让他们各自画一下自己心目中的家。原想能得到造型方面的启发，而实际得到的更多是功能上的提示。

图❶反映了乡民对新居的基本要求。厨房、猪栏、牛栏建在房舍附近的想法和苗族人"上居下厩"的传统习惯是分不开的。对于还很贫穷的边远山区的乡民来说，新建住宅最重要的就是实用。

图❷所示的新居非常气派。这种样式的住宅在20公里外的安太乡可以看到，可以说是乡政府招待所的翻版。宽大的阳台和台阶表达了乡民信息贫乏、缺少比较而盲目模仿的心理。他们走出贫困山村所见到的第一个新建筑物就是那个样子。在当地，乡政府、县城的房子被他们视为"洋楼"。乡民们有一种有钱人盖"洋楼"的观念，纷纷效仿。这或许是经济上的长期落后导致文化贫乏的一种表现吧。

总平面图

❶ 大榕树
❷ 寨门
❸ 芦笙坪
❹ 芦笙柱

二、整垛寨木楼改建构想

整垛寨木楼改造结合当地的经济能力、民俗特点，充分利用各种积极因素，在降低住屋造价，用有限的资金在有限的基地上合理解决乡民的居住问题。

1. 降低造价

这是改建设计方案得以接受和实现的关键。

第一，利用旧料，保留坡顶。在设计中利用原有的挂瓦条、檩条及经选择的小青瓦，局部做坡屋顶；尽量利用原有的木门、木窗及木梯，既降低造价，又保留原有干阑木楼大屋顶的传统特征，延续了传统的建筑语言。

第二，就地取材，制作墙砖。改建一户木楼需用2000多块混凝土砖作为墙体材料，充分利用村寨周围的砂、石等天然材料，就地打砖可大幅度地降低造价。据统计，改建成一栋80平方米的新屋，可节约资金3000元以上。

第三，乡民出工，折合资金。除去农忙时节，乡民往往闲居在家。充分利用当地剩余劳动力，由乡民自行采石搬运，并在技术人员辅导下，自己动手打砖、砌墙，既可节省施工费用，又为技术的传播开辟了一条渠道。

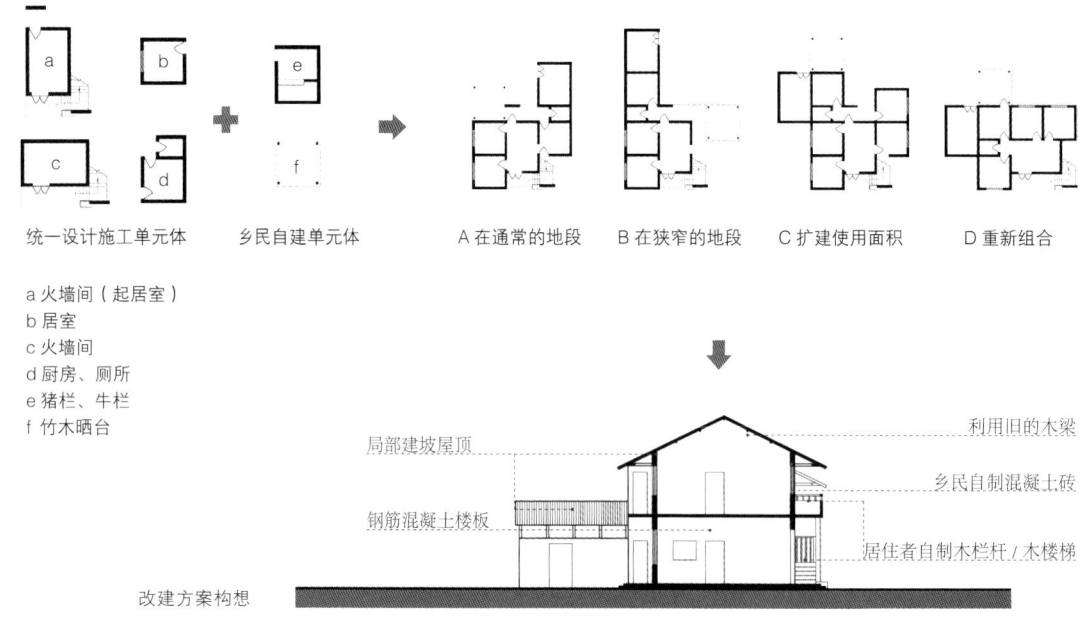

统一设计施工单元体　　　乡民自建单元体　　　A在通常的地段　　B在狭窄的地段　　C扩建使用面积　　D重新组合

a 火墙间（起居室）
b 居室
c 火墙间
d 厨房、厕所
e 猪栏、牛栏
f 竹木晒台

局部建坡屋顶　　　　　　　　　　　　　　　　　　利用旧的木梁

钢筋混凝土楼板　　　　　　　　　　　　　　　　乡民自制混凝土砖

　　　　　　　　　　　　　　　　　　　　　　居住者自制木栏杆 / 木楼梯

改建方案构想

竣工场景

2. 群众参与设计的新尝试

第一，结合实际情况，设计师将设计方案做成多种可以拼装的模型，注上单方造价，提出具体的设想与要求，由乡民自行选择并加以组装。这一过程可以弥补乡民表达能力的不足；同时由于单方造价的限定，使乡民能准确估计自己的经济实力，克服盲从攀比与不切实际追求大面积的心理，为深入设计提供了可能。

第二，考虑到乡民本身自建的能力与愿望，将一些部位留给乡民参与改建，如木楼梯、阳台栏杆、竹木晒台，自建猪栏、牛栏、厕所等。这样既节省了改建资金，又丰富了建筑空间和乡村聚落环境，使整体环境更具特色。

第三，通过技术的传播和充分调动乡民的主观能动性，乡民在改建后自我维修住屋成为可能。如维修栏杆、楼梯、翻修屋面等。只有通过这种方式，才能使民房改建由示范走向普及。

3. 延续传统建筑的文化内涵

整垛寨改建的意义不仅在于使乡民的居住环境得以改善，也是对苗家传统建筑文化的继承与创新的一次探索。人的生存和定居需要理解环境，在环境中寻找他们的各种需要，聚居其中的人们也在自觉或不自觉地赋予建筑形式和聚落空间以秩序和意义，如苗寨中的芦笙柱、芦笙坪、井亭及日用竹木晒台等，在人们的心目中其精神功能已大于其物质功能。在整垛寨规划设计中，我们注意保留这些原有的约定俗成的景象，同时加以调整

和整修，使之适合改建后新的聚落环境。在单体住宅设计中，设计半室外楼梯，既丰富了建筑造型，又克服了封闭楼梯间乡民担谷上楼不便的弊病，同时也保持了苗家木楼由一楼直上二楼的传统方式。尽管改建后的住屋由于材料改变和建筑形式由楼居转为地居的变化带来其外部特征的明显改观，但在其性格及深层涵义上仍然能够寻找到传统文化的影像。

三、启示与思考

整垛寨民居改建历经了现场住户调查及设计、施工的全过程，对我们探索民居改建有极大的启示，使我们对许多问题不得不重新思考。

1. 控制人口增长的问题

控制人口增长是提高农村居住质量、改善居住环境的有效保证。若不切实地抓好计划生育，中国农村将面临更大的居住危机，传统民居现代化将难以实现。

据统计，融水县从 1952 年到 1990 年，38 年中增长人口 1.2 倍。人口的增加一方面促进了传统民居的更新与改建，另一方面对于普遍并不十分富裕甚至贫困的农村家庭来讲，无疑增大了经济负担。居住密度的提高、占用土地的增多，对生态环境也产生了严重的影响。

从整垛寨改建的住户调查中可以发现，农户所能承受的改建面积并不取决于人口的实际需要，而决定于家庭的经济能力。因而，即使房屋主人不得已改建宅所，扩大一定的面积，仍不可能从根本上解决居住本身所面临的矛盾。

2. 提高人口文化程度

提高人口文化程度是改变农村生活方式、更新观念的前提。人口文化程度较低在广大农村，尤其是边远的贫困山乡是突出的问题，其贫困程度往往与人口文化程度的高低成反比。因而，提高人口素质、提高人口的文化程度是农村现代化的当务之急。

民居改建过程是各个方面的综合反应。文化程度较高的人对选择方案、领会概念的反应较快，参与意识强，与设计、施工人员配合较好；文盲、半文盲的乡民，多为旁观者，往往随大流。整垛寨民房改建尚有其特殊之处，如旅游道路修通、地势平坦、乡办重点小学所在地等；而对更边远的山乡来讲，其本身的自我完善意识将起更为重要的作用。

3. 加快改建步伐的条件

整垛寨的民居改建是在县政府有关政策的指导下，乡民们通过卖旧木料及少量个人私有林木积累了一定的资金；作为承办单位县民房改建工程公司预支几万元修缮道路，配备发电机组、打砖机、破碎机等设备，建筑材料以补贴的方式卖给乡民，使乡民尽可能少花钱多办事；设计人员深入现场，允分考虑农户的实际利益，在空间利用上精打细算，使农户居住质量大大提高。整垛寨民居改建如果没有县政府的政策指导，没有民房改建工程公司几年来的探索和在物质上对乡民的大大优惠，没有设计人员的参与，是不可能在短期内取得现在的成果的。

整垛寨民居改建工程是对中国传统民居聚落改造的一次综合尝试，虽然它不是很全面，但是无疑为今后民居改建工作积累了经验。至于其实际效果如何，还有待大众的评判和时间的检验。

（原载于《新建筑》1992 年第 4 期）

第五章

设计的环境

一、建筑的环境限定

建筑连接着人类与环境。注重环境因素及其与所在境况的积极对话的不同方式是建筑设计的开始。限制是万物之本，限制孕育着一切。对建筑而言，环境就是限制的别称。约束往往引导艺术家开辟一片新天地，建筑扮演着彰显自然的角色。

二、建筑的场所塑造

每个建筑都有着自己的疆土，与生活有着特殊的物质联系；为实现特定的功能，在特定的社会、特定的场所建造起来。多样的场所变幻调节着景观，形成了一片环境；环境中建筑所处的场所同样是需要体验、观察与塑造的。

在陆陆续续的设计中，对建筑与环境的契合与相互表现的思考是一个重要的过程，环境与建筑的对应关系反映了设计的不同侧重与内涵。

1. 大环境，小建筑：一个合适的区域边界将建筑物与它所处的环境连接起来，即使惊艳的复杂形体，也同样存在着特定的仪式感与浓重的美感。有序的建筑从属于一个街区、一个校园、一个城市、一个社会的文化背景之中，靠忽略环境因素或与所在环境相互冲突而醒目的建筑物不都是或最终不一定是成功的。

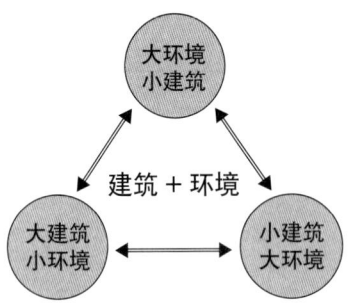

2. 大建筑，小环境：建筑设计不只是寻求不同的建筑语言，而是积极地将自身向社会开放，积极地改善环境。建筑把两个不容易调和的任务整合在一起。一方面提供一个惬意的内部环境，满足它的使用者的需要；另一方面，创造一个外部给人印象深刻的印象，有魅力、有震撼力、有教益等。

3. 小建筑，大环境：建筑带给人们和环境的裨益，远不是一件被制造出来新颖的产品。追求具有强烈人文品质的建筑与环境的设计法则，并融入建筑之中的设计方法与思考过程是建筑师重要的素养。这种文化力与环境的和谐精神是建筑永恒的价值所在。

做好"大建筑"周边及内部的"小环境"，是我们日常设计每一栋建筑时应该付出的最重要实践活动之一。尤其是在我们着手设计一个区域的重要建筑，如剧院、医院等时，其对功能的设置及区域的影响尤为重要，如果它能成为"大"的建筑，其功能的完善及与环境的合宜是十分重要的。

做"小建筑"来表达"大环境"，可以从场所的不同表现方法，可以从文化的不同角度、可以从材料的不同，以及新技术的利用等去表现。尝试后会觉得这是件稍许容易的事情。因为控制的力度小，可表达的方式多，甚至可以随心所欲地表达建筑师个人对事物的感受。

做好"大环境"中的"小建筑"其实很难。因为它存在的真实评价来源于更广阔的背景，来自历史甚至是时间的评介。它需要一个建筑师的耐心、需要一个建筑师的预见力与判断力，以及对现时的社会人文环境诚实的表达

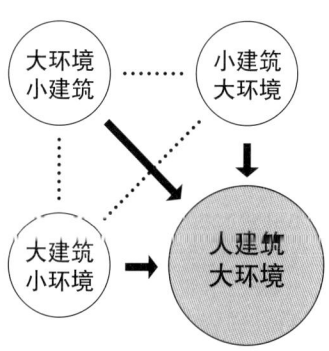

与时代生活的适合与共存。正是在许许多多的"小建筑"中所表现出的"大环境"意境的过程中，随着不同边界的模糊与界定而各自完善了建筑本身的生命与意义。

当一个建筑因其特有的姿态留在世上的时候，其影响力远远超出了当时的区域环境，甚而在文化上留有一个印迹。到了这个时候，才真正形成"大建筑"、"大环境"。这是一种挚久的追求，是一种精神的境界。到了这个时刻，建筑也就如同有价值的艺术一样深深地留在了这个世界上，并结实地成为了环境的一个最重要的部分。

"艺术家以心灵映射万象，代山川而立言❶。" 其所表达的主观的生命情调与客观的自然间相互交融、相互渗透的情怀是场所塑造的灵境所在。

❶宗白华.中国艺术意境之诞生 // 艺境 [M]. 北京：北京大学出版社，1987.

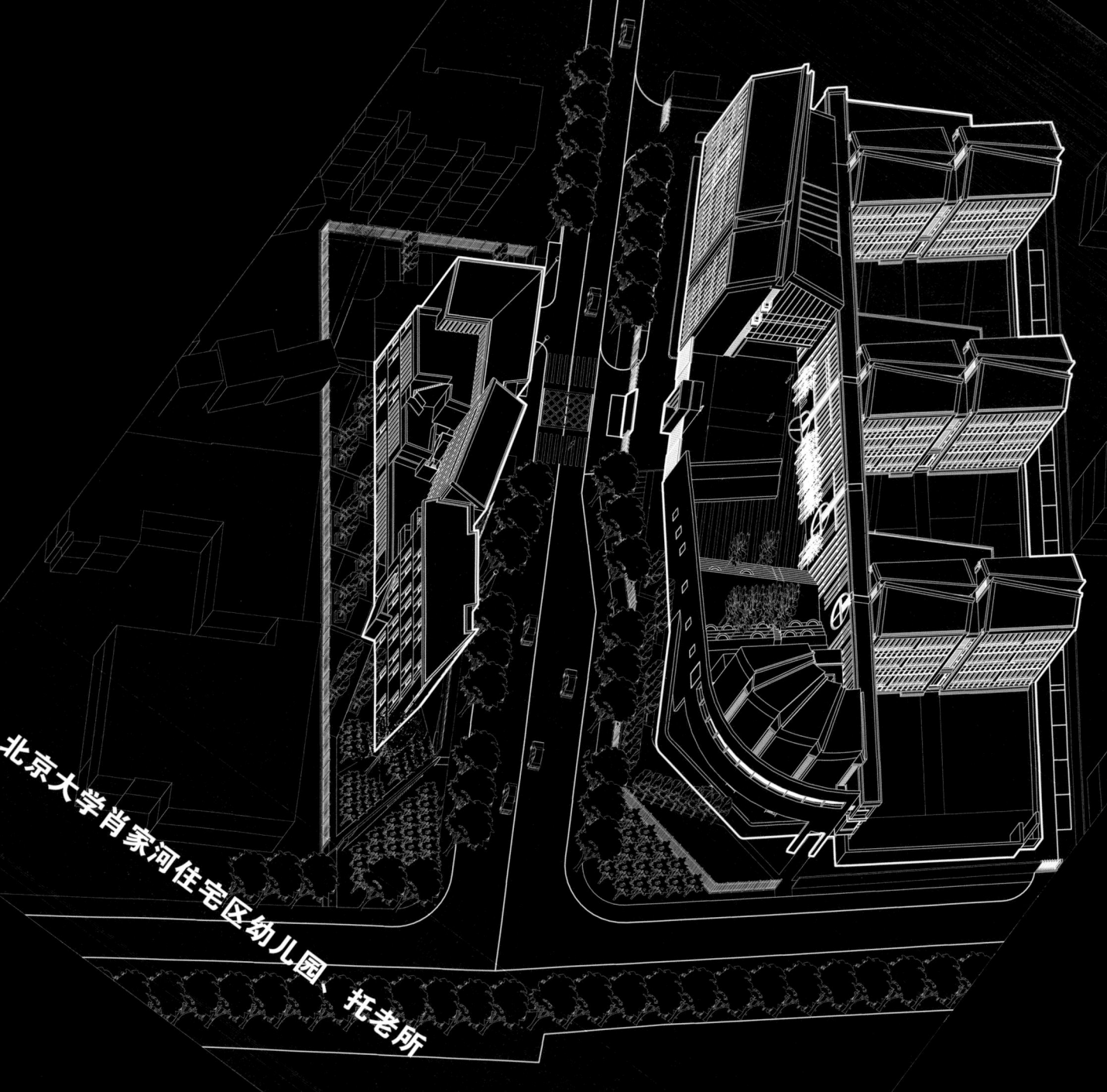

北京大学肖家河住宅区幼儿园、托老所

建筑形态的场景表现与情景再塑

    建筑外在的形态表现与其内在的场景表达相关联，场景表现不仅是建筑形态表达的重要媒介，也是对人的存在意义表达的一种固态背景描述与渲染。在场地中，建筑为环境提供复杂多样的情景预设，人通过建筑空间的情景体验而获得情感的累积，同时人的活动也为建筑赋予了更重要的意义。建筑空间的情景再现提升了场地价值。

    在场景中塑造空间情景，是将生存空间对象化与情感化的过程，重视建筑的空间意义及空间本身的含义是一种更为积极的创作方法。设计中既要思考组成各个空间中的实体，也要预想组成空间物的外延，包括花、鸟、人的活动、台阶等，所有物象与空间跟人内心的情感、脑海里的记忆以及人对事物的认知达到共鸣。空间情感化、人性化，可以产生特定使用者在特定空间中的情节表现及具有意义的生动场所。建筑是建筑师人文关切与人的埋想生活状态在空间上的抒发与传递。

    北京大学肖家河住宅区位于肖家河立交桥西北侧，托老所与幼儿园地块分别位于肖家河东路与肖家河南街相交而成的丁字路口两侧，是进入住宅区区域入口处的重要景观标志。从立交桥望去，占据着视觉与景观的黄金位置，两个项目用地分别为9565平方米及2676平方米，其地理位置的特殊性、用地边界的不规则形态及使用群体所带来的特殊设计要求，为设计提供了天然的限制条件与多样的可能性。

西立面图

东立面图

一、功能共济的场所设计

幼儿园及托老所是一个居住社区非常重要的配套项目，其建成后的服务范围远远超出了社区的边界。因此，在项目设计中其功能的配置及可能的发展是设计中重要的前提。

幼儿园位于路口东侧，根据功能将幼儿用房与管理用房、公共活动用房由中部连廊相连。连廊西侧布置管理用房、多功能厅、音乐教室等公共用房；东侧三层共18个班幼儿生活用房分三排布置，每个班均有一个活动场地。中部连廊有效地连接了各个功能区，同时也在特殊气候下为幼儿提供了室内的公共活动空间。

托老所用地紧张，四层建筑随建筑红线曲折展开。建筑一层设置餐厅及公共活动室，二、三层为老年休息用房，四层布置文体活动室，地下提供必要的管理配套设施。整体建筑与周边绿化结合，巧妙地在狭小的用地上完善了各部分的功能。

幼儿园、托老所的东、西主入口在空间上对应形成相互关联的一部分，入口区域远离城市主干道，缓解了拥堵的车流。在功能布置上也考虑了相关房间的视线联系，使幼儿园的活动场景与老年人的活动空间遥遥相望，互为借景，舒缓了各自用地紧张的气氛。

二、场景汇聚时的意味呈现

空间的历时性体验是多空间语义传递的主要途径，其间的不同呈递关系是建筑语义表达的又一重要内容。单一场景如果没有铺陈和结尾，就不会让人流连忘返。建筑通过起始处的铺陈叙事、重复递进、迂回上升，充分利用场地条件，力求言简意赅地表达建筑的存在意义。

幼儿园结合功能布局设置五大院落：入口处的庭院、结合多功能厅布置的活动场院、长廊串起的幼儿生活单元的活动院落，为建筑的使用及空间的展开提供了条件。入口庭院内外的互渗、活动场院的中心聚集，以及各个部分生活单元的小院落都有着独到的设计。入口处庭院结合接送孩子的场景的渗透处理，满足了家长与儿童的心理；活动场院的坡地布置结合

总平面分析

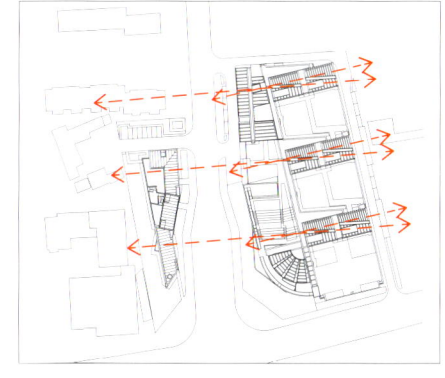

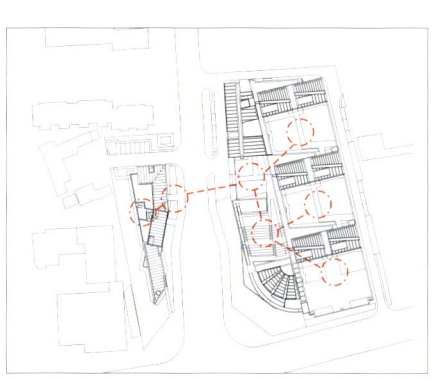

一层平面图

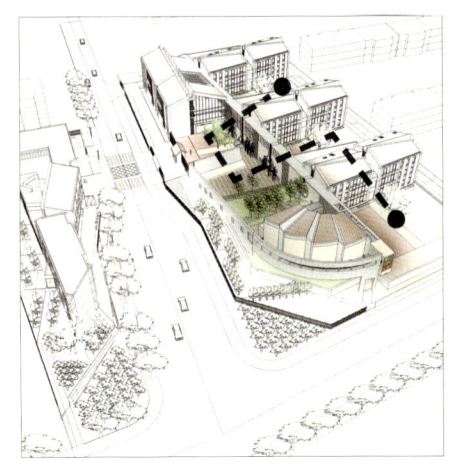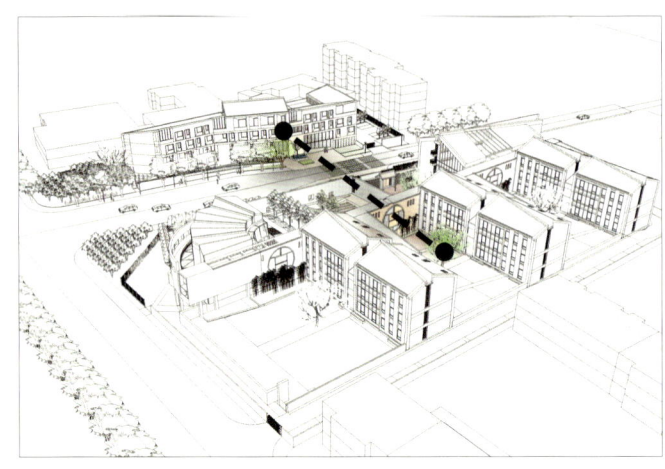

绿化及观演需求，形成了建筑中生动的中心场景。灵活划分各个生活单元之间的活动场地，形成幽静而灵趣的小环境，随建筑形体有机生长的场院景色体现出幼儿自由的天性和成长的肌理。

建筑利用长廊的统一空间界面将五个院落转化为一连串的空间序列，并为院落提供了多重观赏视点与历时性的视觉体验，使建筑空间从事件的承载者，升华为事件的叙述者，其所引发的对话关系表达了建筑语义的重要内容。

托老所用地狭长，建筑富于转折变化的体态，使各部分功能在各个楼层聚合，形成了丰富而灵便的内部空间。建筑一层入口空间结合坡道与二层的平台合一，将建筑东西院落连为一个整体，并将日出、日落的阳光映在平台之上，满足了老人的活动需求。建筑周边结合景观设计形成了水平的绿色园林景观，纵向结合平台的跌落也形成了与室内空间相整合的空间，完成了建筑横纵的交流与时空的跨越。

建筑入口处的景墙镂空处理，与东侧的幼儿园入口环境相依相合。幼儿园活动场院的坡道景窗与托老所的呼应使两个建筑相互成景，满足了老、幼不同的心理需求及视觉感受，形成了生动有趣、轻松自然的一组建筑与群落环境。

三、情景交融下的映像定格

　　幼年及老年，是人生命历程中重要的两段光阴。当人在身体机能相对娇弱的阶段，人与建筑常常会产生亲密而特殊的互动。这种互动，虽日复一日平实而重复，却无时无刻不依赖着外部环境条件，并促进了事件的重复发生；当人年迈之时，乐于追溯往昔的情景，而此时此刻环境为其带来的生活场景，作为原始建筑机能的一部分，成为使用者重要的精神支持。

　　幼儿园的入口环境与中心活动场地位于长廊的两侧，建筑空间由外到内的渗透及由北至南地形的渐升关系，是幼儿进入园区到班级的过程中能够感受到每天使用的场景，感受到四季的时光变化。不同时间的映像可以提供不同的记忆和对自然的新奇与发乎心灵的惊喜。

　　幼儿园入口中庭的顶部天窗设计结合中国园林的处理手法，构成空间从抑到扬的变化，并突出了光影的效果，为幼儿进入建筑提供一种遮护的感受。幼儿进入班级会见到充满趣味的楼梯，走过长廊会看到廊外的变化的景色。长廊中光影的变化同样提示着孩童时间的概念，活动室完整的平面关系及宽敞的窗户，将室外景色映入室内，庭中的株树花池，成为活动场院中视觉的中心。

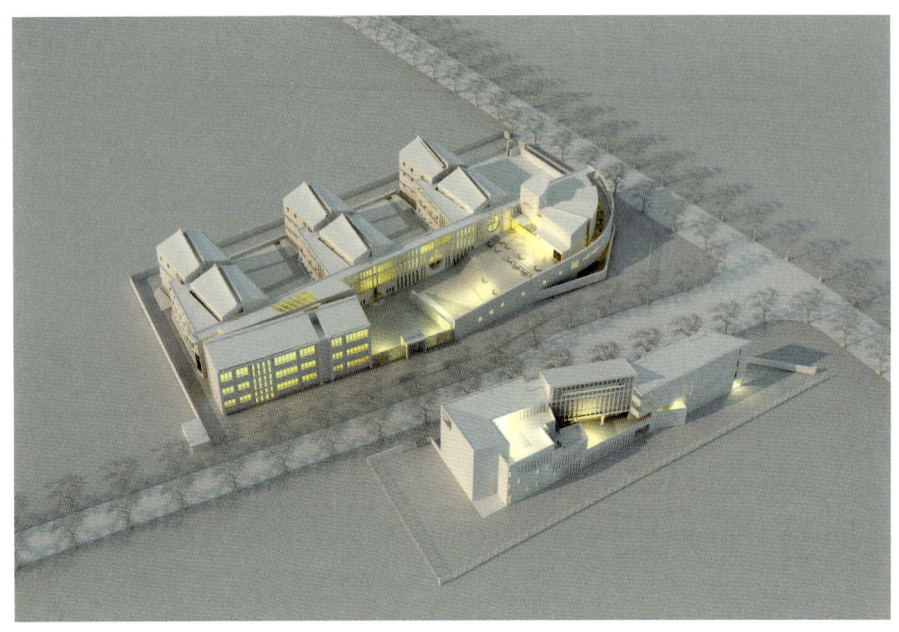

　　长廊西侧由北至南渐升的圆窗及序列的条窗、变动的景窗将内外空间的表现结合起来，形成了丰富的光影并显现出新的影像。庭院室外空间扶墙的坡道至三层与长廊会聚，完成了一种聚合下的趣味写意。正如福楼拜所说："科学和艺术在山麓分手，回头又在顶峰汇聚"。

　　托老所的折转与平台的跌落实现了建筑水平叙事与立体的升华过程。创造了诸多供老年人活动、闲息的场所，入口处的平顺，空间的完整，以及便利的服务，使老年人在随意的走动中可以发现诸多常见却独到的环境。随意的探望之中，可以看到平常的事物和自己最关切的幼儿的活动场景。一静一动、一老一幼的景象处理完成了不同的、相互关联的定格画面，而这一切可以带来回忆，带来向往，带来重复如初的美好记忆。

四、形态展现时的谐趣升华

　　建筑形态随着其内在的需求在狭小的地段上自由展开，同时与所在的城市路口相关联，形成了一个有趣、曼妙而充满人性关爱、人性关怀及人生体验的环境。"建筑形式并不是对场所现存形式的模仿和简化，而应该以自己的建筑语言准确地再现现存形式表达的主题与氛围"。

童年的自由自在表现在空间中，是与美好事物相遇时无遮掩的快乐，是对未来无限的憧憬与期待，如同一首乐曲的开端，音符灵动雀跃，蓄势待发。幼儿园长廊上的窗扇在层间上下错动，恰似五线谱上跳跃的音符，为严谨秩序下的建筑空间带来了不稳定性与偶然性。在下午阳光的照耀下，如同一个个景框，记录下特定的时间地点、特定的活动场景。

老年的无拘无束表露于规律而平静的生活情境中，如同水墨画般晕染开来，着笔看似随意却无法肆意更改，不刻意渲染仍意味万千。犹如建筑立面上一个个点窗，在严整的建筑模数下变动跳跃，又与建筑的功能性紧密联系。建筑弯折处利用退让的形体形成室外露台，立面轻松而富有变化，严整而不失韵味。

人最舒适的状态无过于自由自在、无拘无束带来的想象力与创造力，而在我执着地完善这一组建筑时，会觉得在人生中那两个时期是多么的惬意而值得珍惜。我想建筑师的乐趣无过于能够看到人生的首尾相合。如幼儿般静而动的跳跃人生，如老人般望东着西地沐浴往事。建筑本该如此，当它能够体现出足够的包容性与人文关怀时，它就一定会成为人的生活场景的一部分，成为人的生命的一部分而随时光流逝不间断地成长。而我们每个人的人生何不又是如此，从天真走向谐趣，从平和步入升华！

院落剖透视

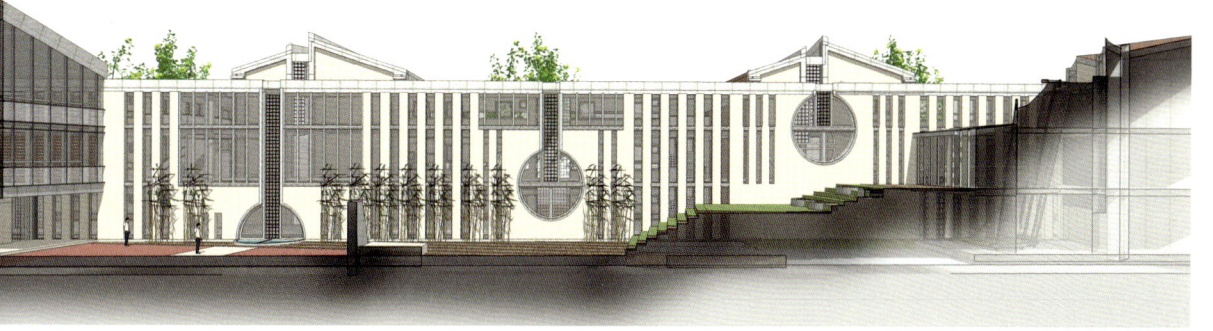

江阴港口公园生态馆

壁走檐飞韵，亭台楼阁情

建筑与环境相关联，从环境中发现建筑设计的讯息，在满足建筑本身功能使用的基础上，强调建筑与环境的积极的内外互动关系，利用自然条件营造自然山水的意趣，是建筑自我性格表达的重要条件。建筑的形态走势及表情神韵，无不与其鲜明的个性及与环境谦和的关系有关。建筑所展现的不仅仅是形象，而且是连动周边的环境而成为美丽的风景的一部分，更是富于情感在内的一种精神。正如有人评述中国园林说道，人类不仅仅是在造园，"其实是在造天堂"。

江阴港口公园生态馆选址于江苏江阴市临港街道亚港路 1 号。用地北侧及东侧为港口贸物堆场，南临长江江堤。地段南北宽 110 米，东西长 260 米，占地约 2 公顷。设计内容包括一座 5000 平方米的生态港口公园主题展示馆，改建办公楼、扩建职工宿舍及场地的景观设计。如何在有限的用地中，在特定的功能要求下，挖掘展馆、场地本身的特点，表现现代的展示馆、企业文化及场地与环境的关系，是设计的主要任务。

一、场地表达

建筑建设基地不足两公顷，对园区各部分功能要求明确。北侧将两栋现状办公楼相连，并扩建西侧办公楼，形成"L"形的一组四层楼体，连同北侧的贸物堆场形成合理的内部功能服务区。生态馆位于东侧场地居中的位置，连同南侧河堤及贯通东侧道路的水系，有着天然的景观基底，为馆区入口环境及生态场景的营造提供了便利的条件。

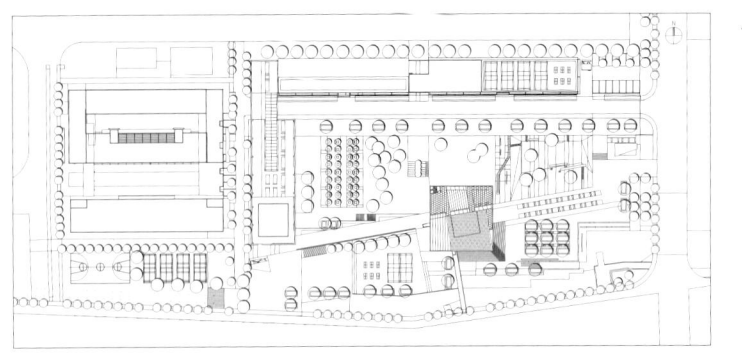

古时造园，讲求"相地"，通过对园林环境的选择，利用自然的山林泉石创造风景，以达到自然山水的意趣。相地之始实际上为建筑师主动参与设计提供了最有利的条件。通过城市进入园区入口的规划确定不同功能用房的布置，自然形成了园区内斜向的轴线和不同功能的区域环境用地。生态馆入口序列结合生态景观的幽奇奥曲，办公楼前收放有致的庭院关系，因地制宜地营造出建筑内在空间与外在环境相亲相合的意味，形成了有意趣的环境关系。

江阴临港新城位于江阴市中心西侧，建筑设计中注重人文历史的延续与表达，在生态馆区域的场所表达上对文化、生态、精神的重视及与老城区的呼应关系给予了高度的重视，以形成一个开放的、人文的、公众的展示与休息、与生产活动相结合的生态港口展示与教育基地。

二、空间表现

生态展示馆建筑限高12米，三层楼层错层布置，形成了连续的、折回的、攀升的路径，为各展区空间带来了抑扬、停迴、流动的展示空间；同时结合人的活动设计了相应的休息场所，使内部空间、展示内容以及外部的入口区、楼顶观景区结为一体，形成了连续的、渐进的序列空间。

参观从地面开始，围绕中庭空间旋转前行。在不同的标高，随着人的移动，提供连续的展示空间。参观路径是人对建筑感官不断变化而强化的过程，建筑用方位定义的不同空间使参观者在自觉的变换中得到了观展的满足。同时，随着展线结束，观众亦完成了登高望远的"心灵历程"，人自身的思绪与有特点的场所相缠绕，焕发出多元的情节。

建筑的室内外空间不仅仅表现出对功能的关注与适应，更重要的是为使用者提供了一种情境的展现。原本无意义的虚空角落，通过给予特殊的关照与建筑处理，使人与空间相融，景与空间相随，从而达到观展之外的惊喜，让人们得到视觉及心理上的享受与愉悦。

三、形态表情

国人的人本主义和外儒内道的人生观，向来把人的自身感受放在首位。建筑所提供的"与客观世界相协调的有秩序的节奏感，决定着我们的情感与心理活动，让我们感受到美"。

几何是人类思想中纯粹的空间语言，是一种智慧的结晶。它通过两者间建立界线从而营造了秩序，基于数比关系的比例没有绝对的相关性，但是仍然赋予了建筑一种隐藏的秩序，表达了偶然中的必然，表达了建筑瞬间状态和永恒性的辩证关系。

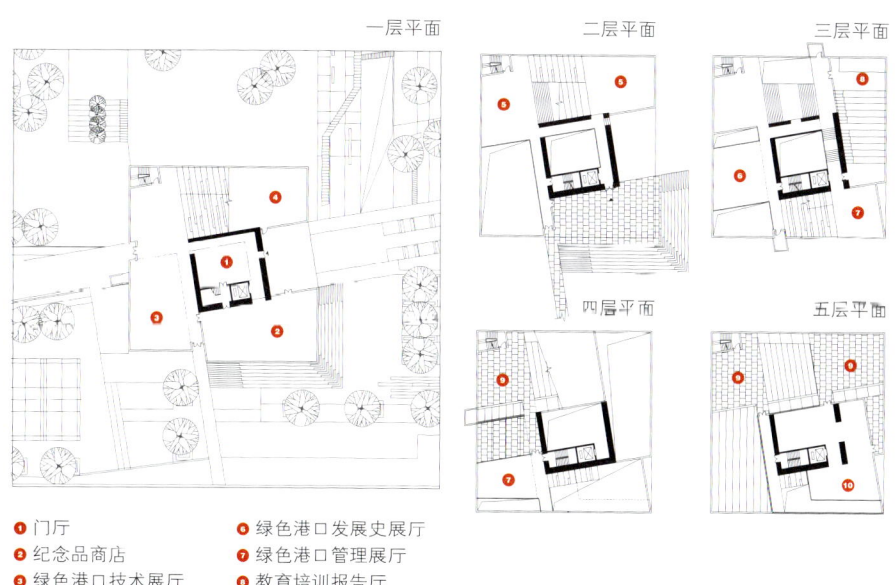

一层平面　　二层平面　　三层平面　　四层平面　　五层平面

❶ 门厅
❷ 纪念品商店
❸ 绿色港口技术展厅
❹ 库房
❺ 港口生物多样展厅
❻ 绿色港口发展史展厅
❼ 绿色港口管理展厅
❽ 教育培训报告厅
❾ 室外平台
❿ 餐饮休闲区

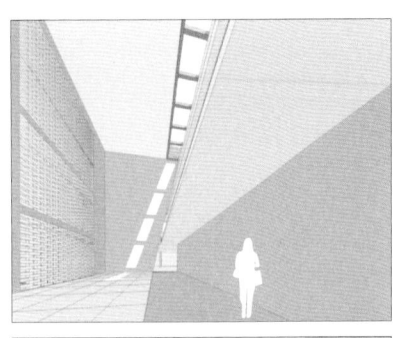
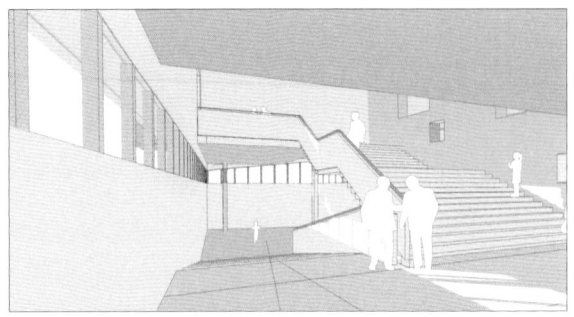

建筑室内空间

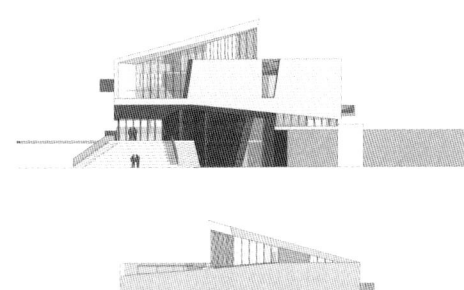
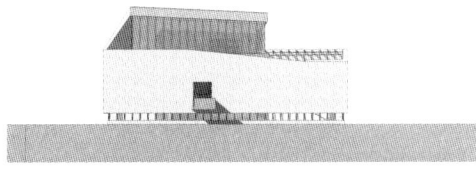
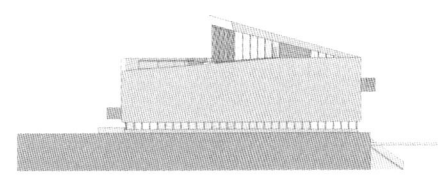

立面图

　　生态馆方形的形体在确定中庭边界时的扭转，及东西的径向通廊的穿插，为平台提供了特殊性和展示性。建筑沿边界的墙体随空间的确定而显现出别样的动力。建筑立面的切削及与平面对应的翻折，与室内螺旋上升的路径相一致，1∶10的坡度完成了内部坡道及外墙斜向翻折的连续界面，形成了饶有趣味、完美连续的墙体。

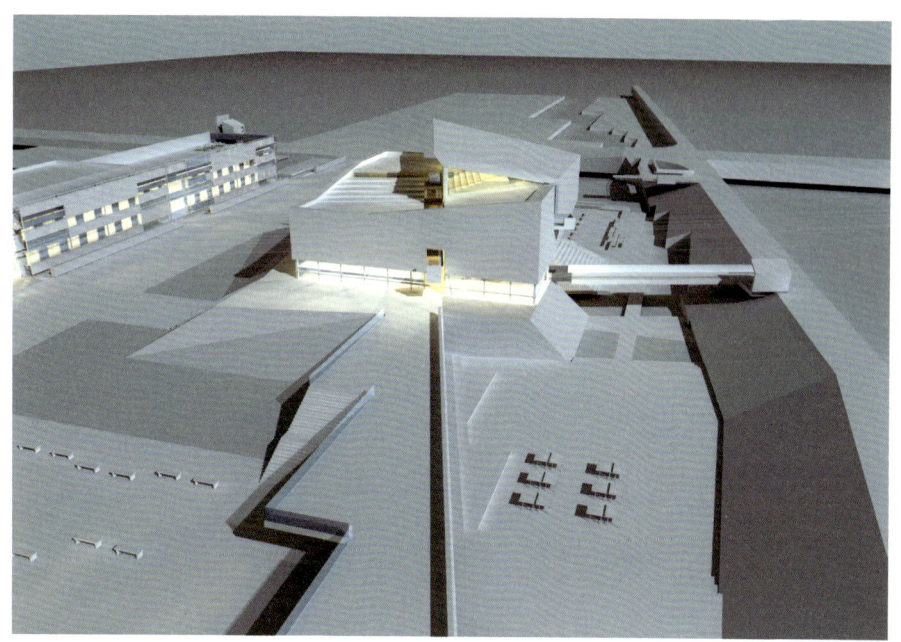

　　建筑形体的向上迁升的视觉动力，使建筑在连续的变化中在顶部形成屋顶的翘起，建筑下部入口处的挑空，更加强了建筑飞檐的效果。墙面肌理横竖的延续与转折，呼应了墙体发展的态势，角部及中部的有力切削亦形成了生动的变化。建筑形体在严格的数比关系中稳定的变化，并将连续的变化凝固在特殊的瞬间而表现出让人激动联想的形态表情。

四、神韵表意

　　墙是中国建筑中重要的因素。除去墙体的围合，其间所显现出游走的状态也是建筑得以生动的因素之一。墙不是阻断路径的屏障，而是路径本身，是将人引向不同情境的通道。建筑设计将墙壁在外部及内部随不同路径变化，形成了动态的、向上的趋势，形成了有特色的形象。

　　飞檐是中国传统建筑中的重要构件。古时建屋往往先确定屋盖的尺寸，再定梁的位置。檐下空间或廊下空间以深远、虚空及色彩成为中国传统建筑室外自然空间与室内生存空间的过渡空间，造就了特有的空间层次。

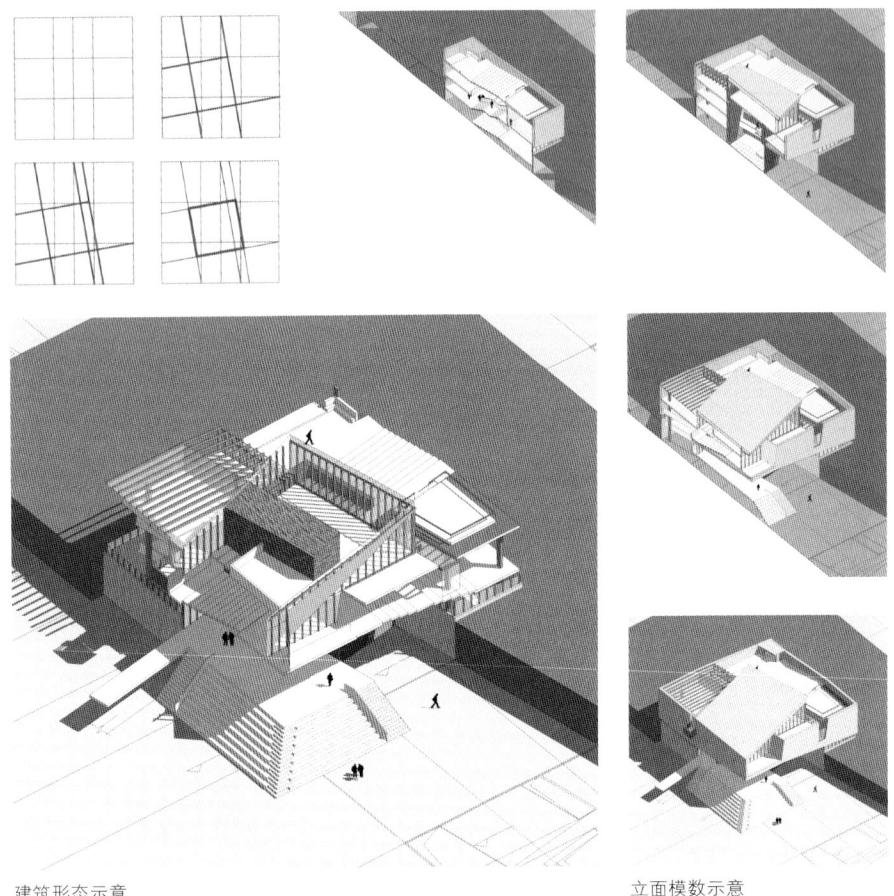

建筑形态示意　　　　　　　　　　　立面模数示意

　　生态馆设计着意改变建筑方形的体量关系，体型的转折及顶部的飞檐处理，使人在接近展馆的行进中随视角的变化而感受到建筑的不同，从多角度欣赏建筑的新颖、灵动。

　　人文地理为建筑的塑造带来了积极的意义，陶渊明"采菊东篱下，悠然见南山"所构成的闲适和谐的生活情境，一直影响着中国人对自己精神居所的塑造。人们除了舒适的物质享受之外，对高雅文化的需求使建筑构建、装饰、园林无不表现出一种境界的创造和诗意的表达，亭台楼阁所表现的已不是其建筑表面形态的多姿，其所蕴含的情境成为建筑本身所展现的最有价值的艺术语言，而留下富有文化的历史怀想。中国古代文学所带来的彼时彼地的悠悠情怀，将亭台楼阁登高望远的景色与人的思想融为一体，名人的文化与名川名阁美轮美奂的景致相映衬，成为寄托精神的理想场所。

江阴港口公园生态馆设计基于有限的用地条件，在回应周边环境的同时，利用建筑简洁、有序、明确的体量关系及形体的变化，完成了一个动感的、内涵丰富的表情动作，放松地、谦和地、有追求地完成了自我升华的意境创造，有效地提升了周边环境的场所感和文化意蕴。

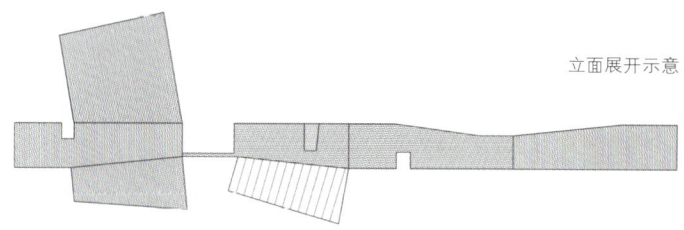

立面展开示意

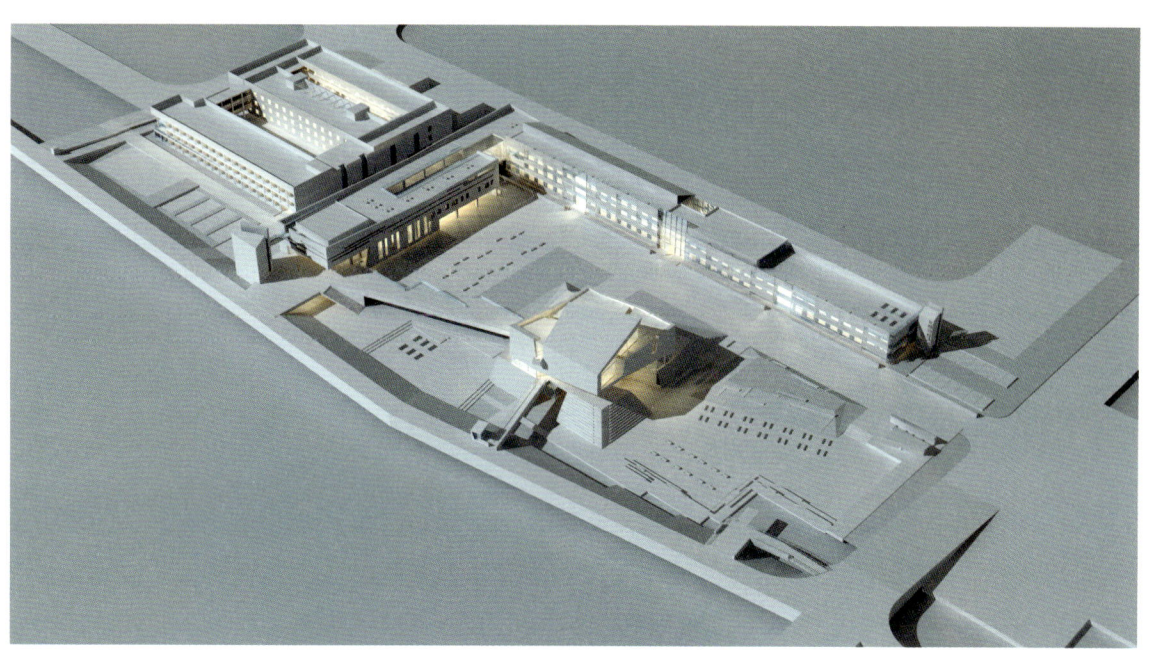

中国驻加纳大使馆

显与隐，刚与柔，轻与重

　　大使馆是国与国之间相互派驻的办事机构。使馆建筑不仅需要满足外交人员的工作和生活需求，保证其人身财产安全，同时是代表一个国家的对外形象，是国内政治、国际事务及一系列复杂的外交需求共同制约的产物，体现一个国家的历史文化及外交策略的重要建筑。中国是世界上最大的发展中国家，使馆建筑是传播中国文化，表达国与国之间友好对话的纽带，具有独特的象征意义。

　　中国驻加纳大使馆馆舍位于阿克拉市机场住宅区阿古斯迪诺奈特路 6 号，场地占地面积 9200 平方米，南北方向有 6.8 米的高差。使馆园区用地规模有限，办公楼部分刚刚完成内部的装修改造。为完善功能，使馆园区增建多功能厅、宴会厅、馆员宿舍及休闲活动区，以保障各项外交业务的有序开展。加纳大使馆改造设计从环境出发，从建筑的使用性质与要求着手，在建筑形态、空间环境、材质色彩、语义表现上，进行了不同的择取与强调。

　　·显隐有别

　　建筑布局沿现状办公楼的布局顺序展开，多功能厅端坐在场地中心，院落景观层层映现，相对的对称格局强化了建筑的仪式感和礼仪秩序，强调了建筑的体量——是为"显"。

　　官员公寓布置在北侧，中部的庭院使其有着独享的情趣，满足生活的私密性与便捷性要求。内部办公空间与多功能厅等公共空间亦有相应的分隔，满足内务办公的保密需求——是为"隐"。

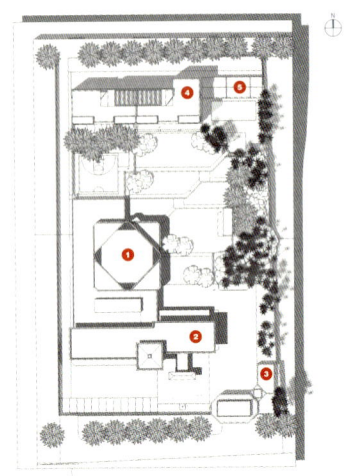

总平面图
① 多功能厅
② 保留办公楼
③ 传达室
④ 馆员公寓
⑤ 领事部

· 刚柔并济

多功能厅建筑体量左右相称，方正敦厚，形体处理干净有力，在整体环境中自成一体。建筑转角、墙面的细部设计，突出了建筑的身份与气势——是为"刚"。

建筑坡顶的扭转处理，形成了舒缓而美妙的天际线，窗户的格状设计，增添了意趣。场地景观随地势变化的散步小道步移景异，营造出自然天成的环境——是为"柔"。

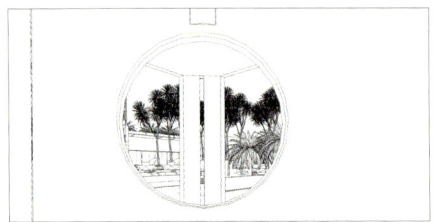

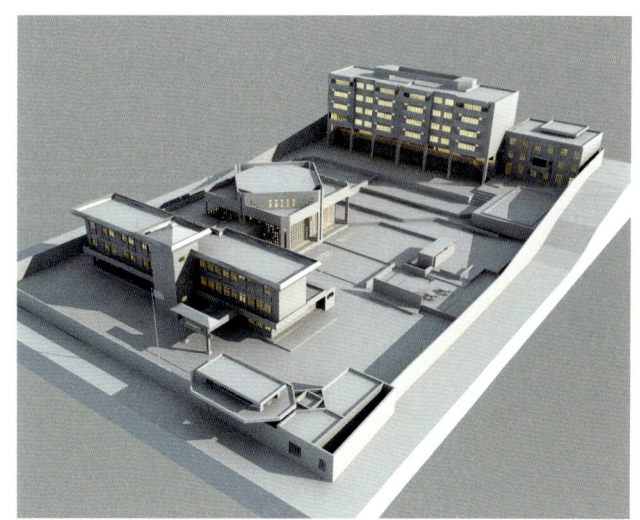

· 轻重着意

建筑平面自由错动，院落自然轻松而又通透有趣，住屋功能方便，整体园林设计亦着意于意境的营造，散发出一种自然轻释，发自内心的感受——是为"轻"。

建筑檐部处理汲取中国传统建筑中檐下的重彩处理的方式，突出檐下的阴影的虚化处理及材料的质感对比，色彩丰厚，富于变化，有效地突出了飞檐的力度——是为"重"。

"礼之用，和为贵"。[1] 驻外使馆建筑代表着中国的国际形象，同时也以友好的姿态向所在国传达富有民族文化色彩的场所意境并融入当地地域特色的环境之中。中国驻加纳大使馆的扩建设计正是在虚实互映的空间意趣中，以轻快的方式融入异域他乡，传播中国建筑文化的同时展现出中国的大国形象。

中国园林讲究山水依循自然，笔墨恰到好处，其最为重要的精髓就是取舍之道。将不同的场景特征比较、择取，在整体环境中放松营趣，在看似普通、相识的事物中将有意义的事物挖掘并通过简单的手法显现出来——是为建筑之设计。

[1] 《论语·学而第一》。

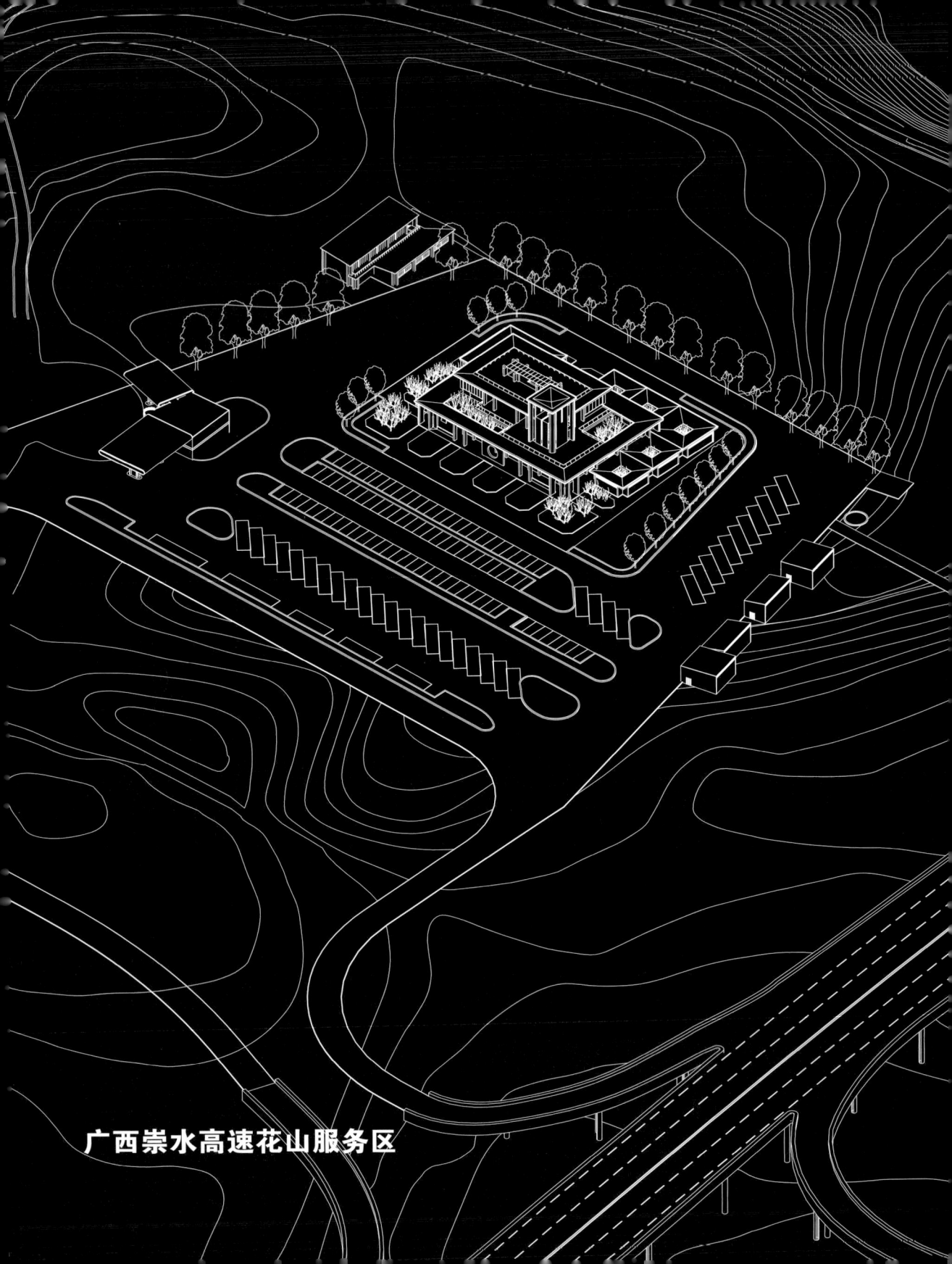

广西崇水高速花山服务区

画山由心，出神入境

左江发源于广西西南部，在左江及其支流明江、平而河、黑水河沿岸及附近的峰林峭壁上，保存着珍贵的赭红色的古代文化遗迹——岩画。状语称这些岩画为 pya laiz（为岜莱），即画的花花绿绿的山，汉语译为画山，又因"画"与"花"音相近，故传为花山❶。

左江岩画颜料是以动物胶为主的动物蛋白质类化合物，岩画创作于数千年前，至今色彩鲜艳夺目，称得上人间奇迹。先民选择做画的岩壁大部分为灰黄色，结构致密且多宽大、平整峻峭，基本垂直于地面或上部外凸、下部内凹者，减少潮湿和长时间暴晒的影响，从而保证岩画的耐久与光鲜。古代先民为便于在崖壁上作画，就地取材，创造了富于弹性、施墨丰厚、线条肥大的竹笔，同时使用草笔、羽毛笔绘制细部，甚至利用手指涂抹，形成了"断岩无语舞霓裳，古藤有意桃园访"的意境。

崇左至水口口岸高速公路全程96公里，途径6个互通口、2个服务区，其中花山服务区位于离花山岩画20多公里处左江北岸。高速公路从北侧山中隧道出来后见到的第一景色便是群峰峦绕、江水偎依的秀美景色。在这里设置的游客服务区，一定是与自然相契合，而又与众不同的建筑。

·俯观成景：高速公路路面高架于场地之上10米，因而两侧的二层服务区从桥上看是俯瞰的效果，建筑的顶部变化是建筑给人的第一印象的重要因素。设计将建筑分层设置，层层上收，形成多层檐部折起的屋宇印象，建

❶ 谭先进．崇左文化述要 [M]．桂林：广西人民出版社，2010．

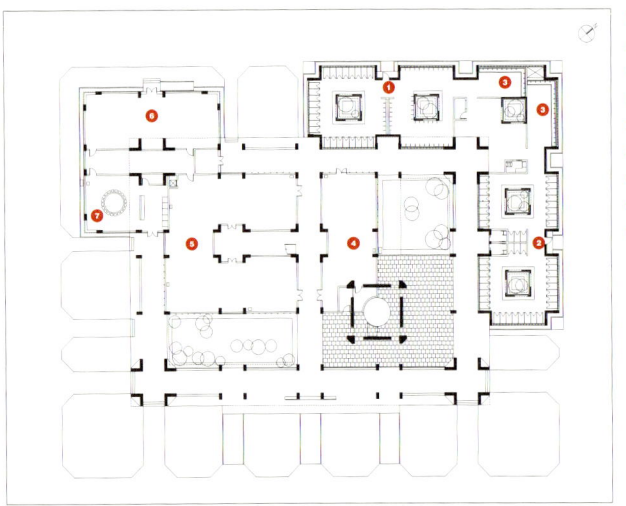

1 男卫生间
2 女卫生间
3 洗漱间
4 便利店
5 餐厅
6 厨房
7 贵宾厅
8 咖啡厅
9 室外平台

一层平面

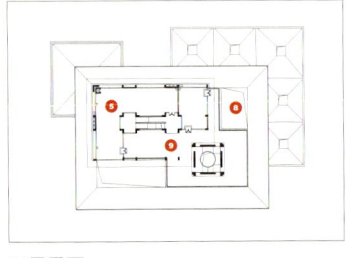

二层平面

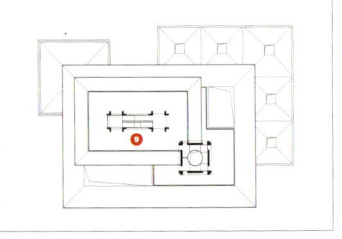

三层平面

筑色彩采用与岩画相近的赭红色，在绿色的掩映下形成一幅自然的村落景象。

·横看成岭：从高速公路辅路环绕下来，逐渐接近服务区的过程是领略建筑形态的开始。建筑层层向内斜向设置的屋檐，间置的柱列形成了有趣味的韵律。同时，三层收起的体量借鉴了广西民居建筑的构架关系。起伏有致的轮廓与远处山峰及近处江岸形成潜在的呼应。

·侧看成峰：走近建筑，其相互渗透的空间组合带来了高低变化的室内外空间效果。不同的庭院，可品赏内景，可坐可息；不同的平台，可远眺风景，可观可阅。建筑廊下的斜檐处理，楼梯间倒檐的提升，以及平台上平缓的坡檐的依偎，为游人的心境打开了一扇窗，同时也赋予了空间一种隐秘的禅意。

·造物得法：建筑的空间组织围绕院落展开。首层敞廊，快速疏导游客进入超市、卫生间等不同功能空间。卫生间公共区的中庭设计舒缓游客的心情，其内部的小庭院充满阳光与绿意。建筑的组合逻辑及庭院的尺度把握力图依据一定的法则而自然变化，这点与中国传统民居的有机生长、因地就势的方法一脉相承。

·构建成形：建筑饰面主要采用彩色清水混凝土，除去表达其特有的色泽及质感外，更重要的是去体现结构与空间的关系，同时向花山岩画的创作者致敬。古代岩画以动物胶为主的着色之道以及干阑建筑构造处理方法，对服务区建筑的色彩、形态以及材料构造设计给予了极大的启示。

·意趣留心：一栋建筑留给人的印象不只是单一的外形与空间，其伴随着来访者与使用者的使用留下的真正激动人心的经历才是最为重要的。建筑不应只留下光亮的神色，走心的感受与留存的记忆才是建筑最重要的使命。

"驮龙远近千峰翠，壁画悬空万燕梭。"花山起伏的身影、岩画无尽的风蕴，给花山服务区的建筑创作带来了无限的可能性。风月印刻在建筑的墙体中，刻画着时光的倒影，延伸着人们生活的印记。花山服务区记录下的现实中的影像及渗透的文化意蕴，同样等待着我们去发现与关注。建筑正是随着自然的生长而逐渐变得无声无息而又曼妙多彩。

"画在山中山中画，美在人间天堂；画在迷中迷中画，留在高山水长。"花山左江的记忆，不仅是一幅美景与文化变迁的画卷，而且是徜徉在纵横几千年的历史中，对今天生活的感悟与升华。在我们可以利用科技实现着一个又一个改变的时刻，更应该珍惜当初那份对自然的领悟，珍惜当下的资源，珍惜留于未来的可能。世间不可能留下永远未解的"局"，而可能留下早已存在的"迷"，建筑的美妙也正在于此。

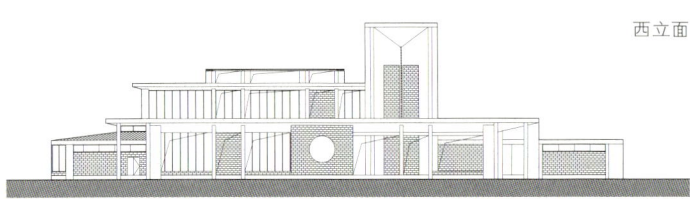

西立面

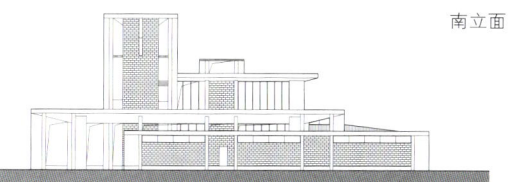
南立面

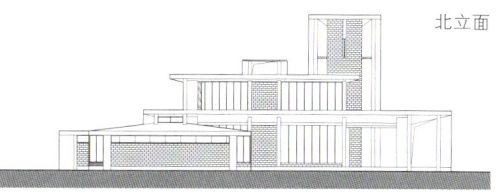
北立面

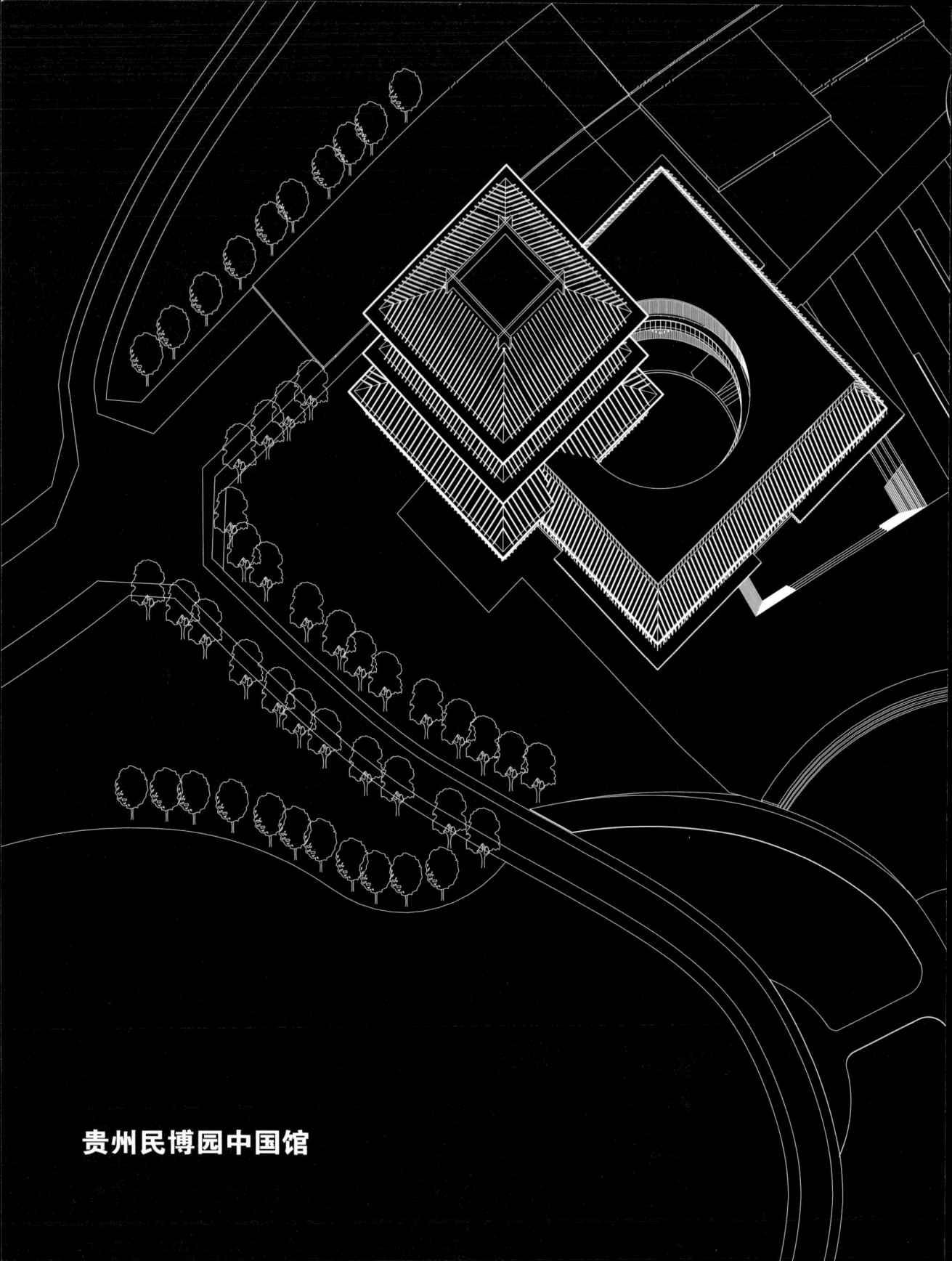

贵州民博园中国馆

国·乡·馆，礼·艺·人

中国馆位于民博园场地中部，建筑通过对东西轴线及南北序列轴线的不同处理方式，以及院落的组合设计形成了丰富的室内外空间环境，并试图在建筑形态及空间处理上重点表达一种空间的对话方式及建筑语言表达的逻辑关系。

上升到"国"的概念，诸多建筑都在寻找最能代表中国文化的创意元素。利用最简明的形象语言，提炼成附和功能需要及精神需求的形态特征，表达中国特有的审美意识，体现"国"之形象，是园区规划中重要的一笔。屋顶是重要外在表达因素，建筑布局下方上圆，形成方整的基座与圆形的内院。利用干阑式建筑的穿斗的方式，将建筑的底层开放、上部出檐，形成了具有中国园林特色的空间意向和重要的外在形态特征。

乡土环境是民间文化艺术产生的根基所在，还原原生的文化场景是展示民间艺术的最佳方式。设计中强调乡土文化纵向的传承和民间艺术符号的提炼，建筑材料、色彩的选用，由小到大的空间处理都试图拉近人们对乡土环境的距离，使其形象上具有某些可感知的乡土文化因子，让参观者在走近展品的同时置身于环境中参观，感受到"乡土"文化的魅力，同时亦使展品不仅仅得到展示，更有着活化于空间之外的共鸣。

博物馆首层的开敞环境，为馆舍创造了丰富的主题空间。建筑将民间艺术元素和建筑表现交织在一起，营造出融于自然和文化的独特建筑体验。建筑结合斜向的架空的形态，将民间的剪纸、皮影等影像与空间环境塑造

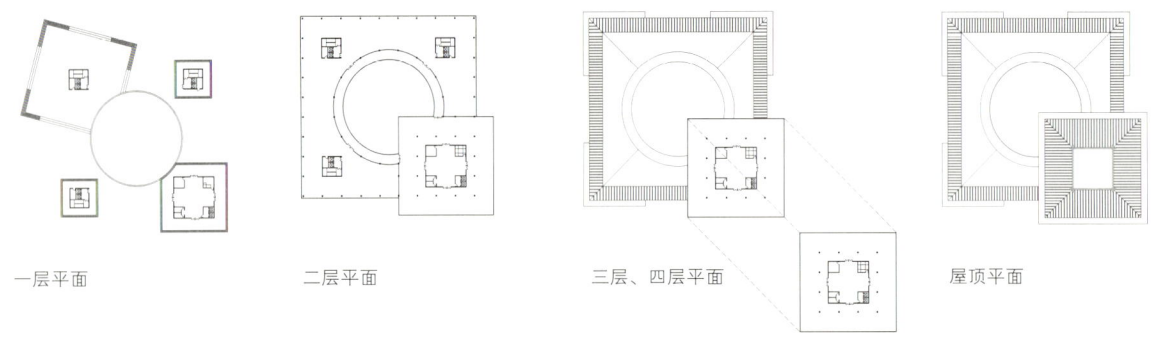

一层平面　　　　　　二层平面　　　　　　三层、四层平面　　　　　　屋顶平面

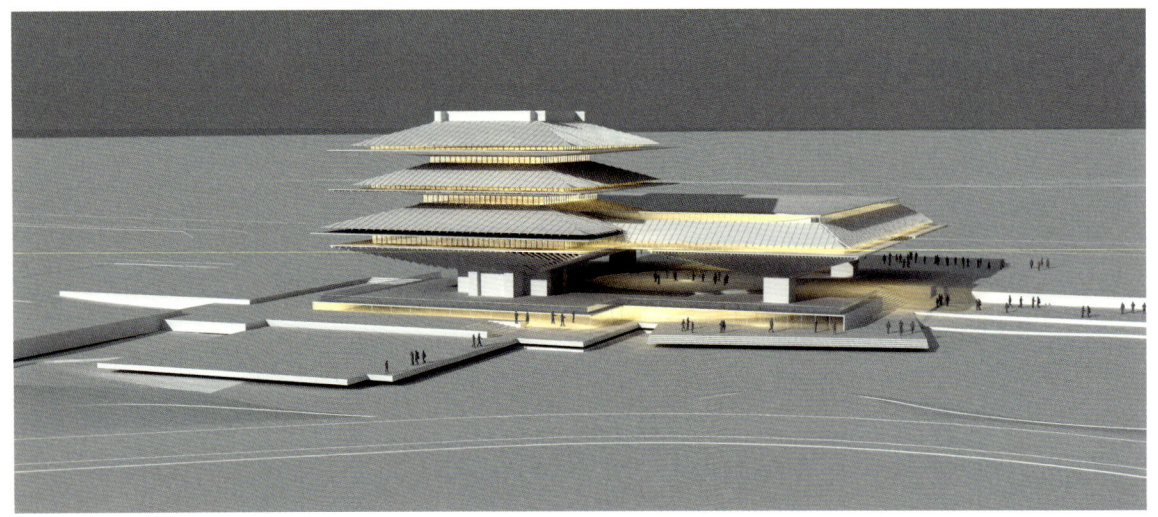

相结合；二层平面依次展开的展览环境便于展示民间的工艺品；同时朝向
内院的空间亦给观展过程带来自然的影像变化，使展品与自然产生关联。
三层的塔为主题馆，既完善了功能，也形成了整个园区精神的中心。

　　礼仪是中国自古强调的一种传统文化。"盖礼者理也，其义至大，其
所包者至广"，礼制观念在中国已有两千多年的历史，对其社会文化有着
深远的影响。古代建筑的开间、装饰、颜色等一直是礼制文化的重要表达
方式，其中蕴含的礼制思想、形成的空间感受等对建筑布局及细节设计有
极大的启发。中国馆的设计对进入建筑、参观展品及登塔瞭望的过程讲求
一种序列关系，强调一种仪式感，以突出中国馆的尊贵与平和的姿态。

民间艺术是活的艺术，流淌于社会的风俗民情，也活跃于地方的街头巷尾。在民居建筑中，除了极具美感的建筑造型外，砖雕、木雕、石刻等也在细节上体现着多彩的贵州民间艺术文化。在设计中注重细节设计的同时关注其表达方式的延伸与提示，从而赋予作品联想，形成一种从传统文化艺术展示中所衍生出的现代、时尚、有活力的艺术气息。这种"艺"的培育对参观者来说是一种精神上的享受，对展示空间来讲多了几分灵性。

人与建筑紧密联系又相互作用，人是园区的灵魂。空间无法用单纯的"外部对象"或"内部体验"来形容，其与人共同表达着整个园区及空间的美和情感。在我们观赏民间艺术的同时，不同的人在展品中的走动，实际上就是一场人与艺术、自然与时空的对话。在展览的途经之处，精心设计休息及交流的环境，突出展品的同时更强调人的参与，让环境中有"人"的活动和影像存在，使民间馆的环境随着人的参与"活"起来。

贵州民博园中国馆虽然不大，但是在诸多方面体现了当下对传统与现代，地域乡土与当代文化的深入思考。设计中在建筑环境、空间表现及内在的精神表达、情境塑造上潜心经营，以形成一个不同的、记忆深刻的空间环境，使建筑呈现出"美"的效果与不同的意境。

广西崇水高速龙州管理中心

半山·半水·半田园

一台·一隙·一空间

　　龙州是一座历史悠久的边关商贸历史文化名城，也是我国与东南亚各国进行贸易、文化交流的重要门户，悠久的历史以及独特的地理环境使得龙州有着浓郁的民俗风情、鲜明的人文风貌以及底蕴深厚的文化。壮族本土文化、汉族文化、越族（京族）文化、印度文化和西方文化在此交会，使当地文化具有多元共生、兼收并蓄、融合发展的特色。

　　崇水高速龙州管理中心选址位于龙州县城南侧，前临左江，西北向为丘陵，北侧远处有龙州起义纪念碑，环境秀美。项目用地的自然地貌、山林、水景及原生态的材料等，为项目设计带来了活力。设计将基地内外的自然环境统一考虑，形成了多个有序空间并塑造了层次丰富的建筑主体。场地内含两条轴线，南北轴线统领场地建筑布局，偏转轴线形成建筑形体及空间变化的依据，多处相连的景观廊道及平台成为场地环境体验的重要节点，整体显露出"花园"式的"半田园"情境意趣。

"天人合一，师法自然"

　　建筑使用空间的营造及院落的形成与人的生活习惯和舒适的感受相关联，在日常的情景活动中形成了不同的、生动的生活场景。建筑师既创造了空间，也是空间的使用者、观察者，每个人都需要找到适合自己的空间表达方式，从而构成生活的多样性。生活的体验导引着使用者的心态，成为设计中重要的线索。在场景中，人与空间环境的融入丰富了建筑空间的表情：办公楼不同的露台与室内外空间的穿插；活动中心内部大小空间的

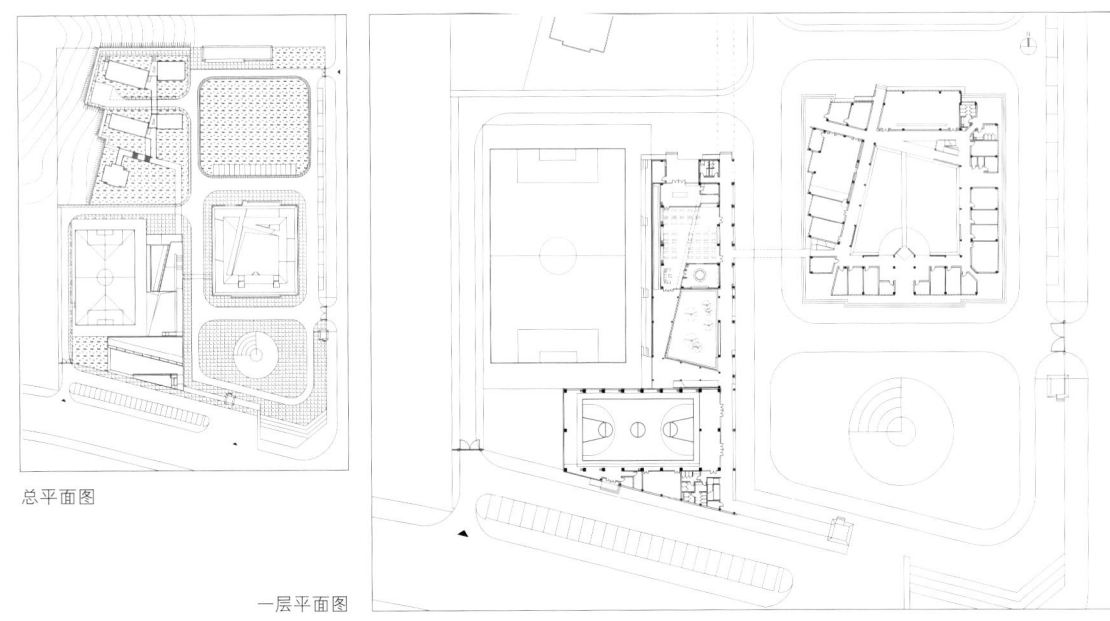

总平面图

一层平面图

结合及其与室外空间的呼应；宿舍区结合台地形成的内外环境的空间私密性；联系各部分功能的廊道塑造出变化的景致，形成了人与自然、环境、空间交流的契机。

建筑材料是形成建筑空间及建筑实体的重要表达因素。采用当地原生态的材料及当地的施工技术，结合材料的特性塑造建筑形体同样是人与自然相结合的重要方式。构成空间的因素除去客观的材料、材质及技术外，来自于设计者、使用者及观察者的主观意识，是空间所凝聚的最重要的精神所在。设计中采用清水混凝土框架、陶土砖、当地的毛石墙及玻璃形成建筑的室内外界面，吸取当地干阑木楼抬梁的做法，利用简单的梁柱体系，形成有侧光的大跨空间，构成有特色的、内外统一的建筑群体。

建筑和园林创作讲求人与自然的和谐统一。沿不规则用地边界的两条轴线相辅相成，形成了灵活多变的空间序列。办公楼及活动中心以南北轴线为主，宿舍区以垂直于南侧道路轴线为主，两条轴线在中心广场交点处的转折形成了园区的中心。办公楼内院的切削呼应两条轴线的变化，形成主轴线上虚实相应的工作环境；活动中心体量的有序折变，形成了两条轴线的有机律动；宿舍楼依垂直于南侧道路的轴线布置，形成相对独立的空间。整个园区办公、休息、生活动静分区，形成了具有中国园林意趣的院落空间，倚着半座山、伴着一池水、始得一座园。

"能知是智，所知是境" ❶

建筑的区域空间设计是园区内建筑氛围形成的主要表达方式。不同功能的单体建筑，不同使用空间的处理，形成了丰富的建筑形象。当建筑环境经过城市改造更新后仍然留下原有区域的自然景象，当自然的建筑材料与建筑环境相呼应，当人的工作环境与生活场景相重合时，山望水，水伴山，山水情致，物我同得，形成相合、愉悦的场景。

"亭"与"台"的设置是中国园林设计的显著特征之一，其概念在建筑主体设计中得到了充分的体现。办公楼在一、二、三层都有开放使用的

❶ 源自佛经，佛学认为"能知是智，所知是境，智来冥境，得玄即真"。

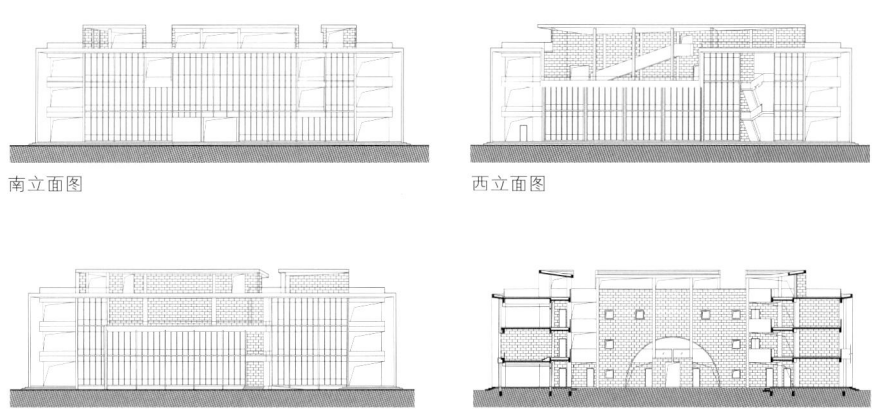

南立面图

西立面图

北立面图

剖面图

绿化平台，强调人对园林意趣的感知与体验，以增加空间围合的通透性与舒适性；活动中心南侧平台与东侧连廊相通，可眺望左江，成为自然景致与建筑空间之间的良好媒介。留"隙"是建筑设计中空间边界处理和空间领域感知的一大特点。建筑顶部及墙体上的"缝隙"在强调景观渗透的同时，场地及建筑内部的通风效果亦得到加强。光影的变化使人们可以看到、感受到一天的时间变化，使建筑与环境互动，形成人、时间、空间的三维对话。空间所呈现出的不同的肌理、光感便是不同的魂灵。

　　建筑的虚实处理讲求内外虚实空间的结合。办公楼顶部围绕内院设置一圈高低不同的廊架，平台结合立面设计，肌理虚实结合，"实"通过"虚"的对比体现出流动自由的空间关系。运用"虚"的手法，使中国画"用虚布白"的理念自然的融会于建筑之中，采用"留白"的方式为使用者的体验与感知留下足够的联想空间，从而加深人们对于山水建筑空间的印象，意境由此产生。

依山为邻，以水为伴的田园生活为管理中心带来了不一样的景致，高台错落、界隙有致的处理释出空间的内在精神，丰富的空间场景营造出独有的园林意趣。园区的景致丰盈逍遥、致虚宁静，其自然形成的空间所追求的不是再造或重建一个设计者及使用者表白的概念，而是一种顺应自然的流变，从传统地域到现代感空间的浑然过渡。山水之间，田园之上，构建出极富特色的宜时、宜景、宜人之境。

行文至此，我会想起我在广西调研过的民居山寨。村落依地貌自然有序的展开，重要的节点的开敞及多轴线的对景处理给村落带来的景色；木楼二层开敞的廊台及扶栏眺望的感受；场院中心的芦笙坪、芦笙柱、鼓楼所形成的聚人、欢乐的氛围；以及逐栋测绘的木楼、参加当地居民百家宴的场景……无不在熟悉与陌生中显现。景境之间所营造的不只是空间关系，而是一种人的生活、艺术、文化、精神的达成，是岁月留给我们每个人不同的、彼此成就的一番大气自然的景象。

结 语

建筑设计是持续的思考过程。从"景"，到"情"，至"境"的记述及作品的介绍，虽然不能全面阐述每个设计的全部过程，但是所提出的概念旨在指出建筑设计所面对的现实环境、背景及需要解决的问题；建筑设计所依附的情感、设计方法和思考过程，建筑意境的艺术追求及其境化、至美之所在等，无不希望对建筑设计实践有一定的提示与启发作用。

　　建筑是有生命的。建筑从原景中来，在不同的背景中搭建记忆，在场景的表现中接续未来，随着时间而不间断地生长。对特定的环境中，具体问题解决的最佳方式与设计能力不仅反映出设计师思考的不同程度与深度，更重要的是其投入的情感状态与精神表达。建筑的表情不是自然获得的，需要设计师前所未有地深入挖掘自己的内心，真实地呈现出表达建筑本性、诗化建筑空间、进化形象的建筑。

　　建筑是有脉络的。一座建筑诞生和演进过程中形成的存在方式以及历史印记，体现了人类丰富的历史信息和文化艺术内涵，为社会的更新和适应性变化提供了有效的资源。脉络是建筑的灵魂，亦是生活的载体。建筑设计的所有脉络贯穿了人使用的舒适、惬意的感受及心灵的释放，其所创造的生活场景与空间，都是在提高人们生活品质的前提下，满足使用者不同的物质与精神需求。

　　建筑是有审美意趣的。真正富有意义的艺术作品需要能够激发出人类共享情态下的体验与情感。建筑审美活动是在一定的社会条件下和文化背景中进行的，研究不同文化独特的思考方式和审美习惯，发现普世的美感，建构中国独立的审美意识尤为重要。东西方文化的不同，中国在东亚文化中的特殊性，决定了中国固有的一脉相承的审美意识，为社会留下了特有的审美经验与审美标准。

建筑是有价值的。有生命力的建筑文化是不需要自圆其说的，其核心价值并不需要令人费解的观点或宣传去证明。建筑艺术运用其独特的艺术语言，将实用性与审美性相结合，形成其不断完善的价值体系。随着设计实践的发展、物质技术的进步，建筑本身所寓意的文化价值和审美价值将越来越重要。如果因为它的存在，能协调或引导一个地方、一个区域的变化，那么它便具有了更为持久的价值和意义。

建筑是有寿命的。一栋建筑随着社会的变化，经过功能复合、转化、变迁而有幸留存下来，它一样会为下一代人接受，为当地接受，成为长寿的建筑。尽管长寿的建筑不一定会成为最好的建筑，但能够在具体的时间、地点，在环境自然发展中留下有益于人的审美情趣和良好建设质量的建筑，是一个长于人寿命的建筑存在并对话于环境的积极意义之所在，更是一个建筑完成其生命历程的重要使命之所在。

建筑的美好在于永远"只若初见"。每次走近、接近对观者来讲往复出现的建筑影像时，都有"初次"的感受是非常重要的。戏剧简直独白或许生动感人，但缺少了婉转曲折及看似通常的"腔"，就缺少了每次撩人的可能。美食虽享用多次，但每次烹饪时还能用"初次"品尝时刻细腻的感受去对待才能酿成真正的美味。情缘永远只容初见，饮食要地道，建筑亦然，建筑需要人亲临其境地去感受其特有的味道！

　　建筑的设计是应该放轻松的。只有在环境中随性流露出的真情才有可能发现建筑师真性的表白，而这一流露当它恰恰是附和或在历史反溯中回到某个原点时，也就可能成了重要的案例，而这一定不会只来自于新奇，来自于事先知晓的可能。

　　或许释然的松土，才能播种新的东西、柔软的耕耘，意味着崭新的收获与持久的记忆。

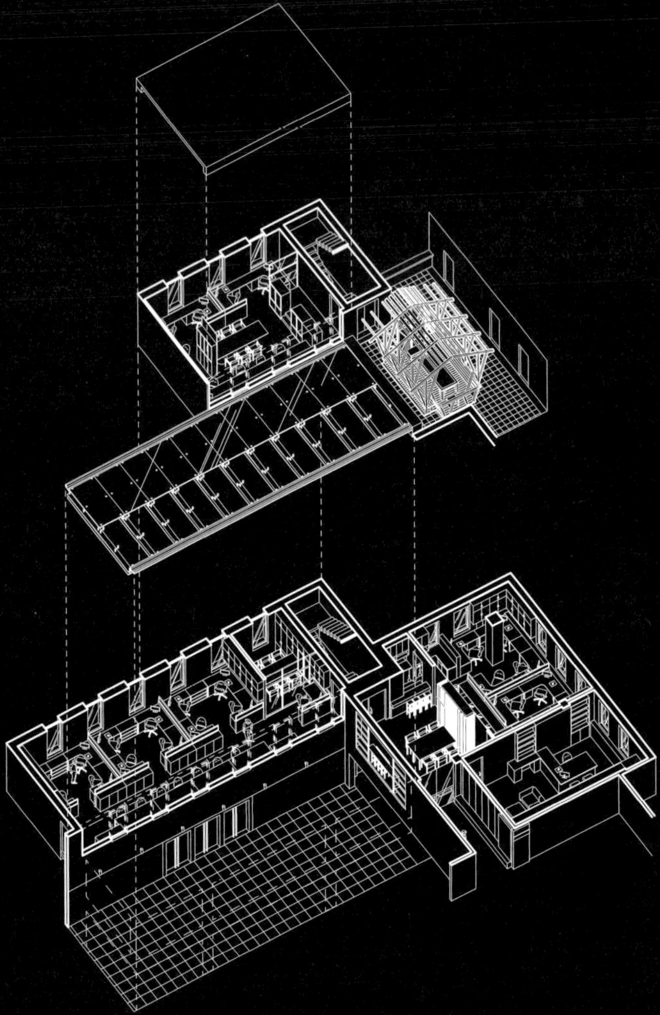

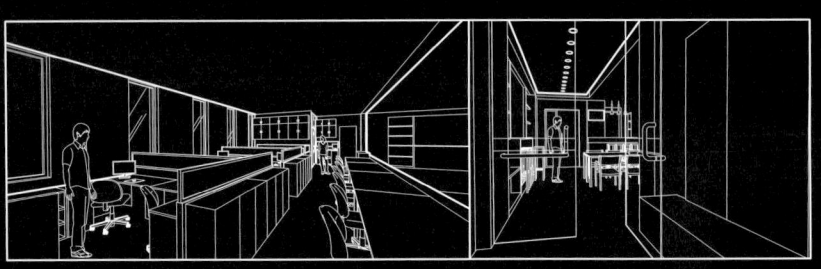

北京市西城区车公庄大街19号院2201号 张祺建筑设计工作室

致谢

在二十多年的工作实践中，我的设计工作更多的是和校园联系在一起，尤其是北京大学。从 20 世纪 90 年代始至今已过去 20 余年，我相继完成了北京大学六个片区的设计项目，这对我来讲是非常有意义的事情。当然要感谢几十年共事的业主。当年的马树孚校长，基建工程部的唐幸生、支琦、莫文斌、白利明部长曾和我都有着密切的联系，其间对我的多方面启发，让我在持续的工作中受益匪浅。

这些年我也设计了许多政府的项目。虽然这类项目由于其使用的特殊性，不一定能让观赏者有最直接的建筑体验，但其基本的建筑空间及外部形态的语义表达是经过精心设计的。它们应该也是一个时期、一个地方的有一定代表性的建筑作品。而所有设计过程与成果的完善，无不得益于与使用方及决策者有着深入的沟通与交流。这种讨论及修改的经历，对我个人的设计实践有很大的锤炼与帮助，同样应该感谢他们的支持。

近年来我相继设计了许多地区的艺术中心项目，剧院建筑也是其中主要的设计类型。随着城镇化的快速推进，这类项目往往成为一个地区城市发展特殊时期的最重要的建筑。对不同地域文化的探讨，为设计的延伸带来了极大的可能性。同样，要感谢设计过程中相互协作的多方技术合作团队和甲方的支持。许多业主本身就是艺术家，相互的磨合与讨论也带来了许多工作之外的收获及友谊。

感谢我在清华读书的老师，尤其是研究生导师单德启先生。得益于他的启发及求学期间在广西融水县改建苗寨的实践，让我在日后的实际工作中有意识地去思考乡土环境与社会现实的问题。在马尔代夫援建项目设计及通辽孝庄河改造等项目实地考察及推敲方案时，当年下乡调研、测绘及现场设计的场景不时地浮现在我的眼前。在广西桂林，先生曾泼墨题字："脚底板下出学问"，我至今体味如新。

感谢工作室同仁的协作和工程设计所有的合作者。持续设计的相互配合让我得到的不仅是竣工的建筑实体，而是工程之外的更多的感情与思考。正是这样的情感使我们坚持地留存了20余年的建筑设计生活的"记忆"。

非常重要地要感谢中国建筑设计院有限公司建筑文化传播中心主任张广源先生。如果没有他的坚持及具有奉献精神的努力，没有从2012年始的督促，这本书恐怕仍然不会这么快问世。近五年的时间虽长，但是所有的事情都在"生长"。难得静下来总结一下，相信对自己而言也是一个提高。我希望最后的成果能带着我的一份尊重以感谢他多年寄予的厚望。

还要感谢我的研究生们和工作室的大力协助。郭一苎、张一阆、李雯、张莹、张璐、高竹青等为本书的完成做了许许多多的工作，在排版、插图制作、图片整理及打印校对等方面付出了极大的努力。

特别感谢崔愷院士和导师单德启教授在百忙之中为本书作序。两位大家所言为本书增色不少。感谢几年来书籍写作过程中朋友们的关心和指正，相互间的讨论及对我初稿的审阅，让我将文稿逐渐完善深入并饶有心得。

同样要感谢我的家人，几年不轻松地伴随我的静静等待，也正是我在忙碌之中努力成文的一种期许及动力。

　　中国青年政治学院图书馆设计，让我有机会常常去工地的同时，看看学院内我出生并生活过五年的小屋，自然我会更念及我早逝的母亲。此时，我最应该感谢我挚爱的母亲，她教育并培养我的爱好，让我进入清华学一个喜欢的专业。或许从生物学的角度，我会遗传她诸多的性格。而时至中年，我更是乐于以她的眼光去观察一下周边的世界。在项目开工仪式上，在我培土奠基的一刻，所有逝去的时光都变成一种无限的思念在我的心中流过……

　　此景，此情，此境。

作品年鉴

广西融水整垛寨改建
Reconstruction of Rongshui County, Guangxi

项目地点: 广西 融水
设计时间: 1990 年
竣工时间: 1992 年

国家林业总局办公楼
Office Building of National Forestry Administration

项目地点: 北京
设计时间: 1996 年
竣工时间: 1998 年
用地面积: 12500m²
建筑面积: 34799m²

北大之路厦门生物园
Xiamen Bio-Tech Garden

项目地点: 福建 厦门
设计时间: 1999 年
竣工时间: 2002 年
用地面积: 92800m²
建筑面积: 35000m²

河北大学博物馆
Museum of Hebei University

项目地点: 河北 保定
设计时间: 2002 年
竣工时间: 2004 年
用地面积: 2622m²
建筑面积: 8600m²

金融街 F10 东大唐集团办公楼
Financial Street F10 Datang Building-East

项目地点: 北京
设计时间: 2003 年
竣工时间: 2005 年
用地面积: 4909m²
建筑面积: 48432m²

文化部办公楼
Building of China Ministry of Culture Office Building

项目地点: 北京
设计时间: 1994 年
竣工时间: 1997 年
用地面积: 3300m²
建筑面积: 34892m²

北京大学百周年纪念讲堂
Peking University Hall

项目地点: 北京
设计时间: 1996 年
竣工时间: 1998 年
用地面积: 13500m²
建筑面积: 12672m²

万寿路甲 15 号活动中心
Wanshoulu Veteran Center

项目地点: 北京
设计时间: 2002 年
竣工时间: 2004 年
用地面积: 19230m²
建筑面积: 26840m²

兰州大学榆中校区艺术楼
Art Building of YuZhong District, Lanzhou University

项目地点: 甘肃 兰州
设计时间: 2003 年
竣工时间: 2004 年
用地面积: 11996m²
建筑面积: 10900m²

北京融域嘉园住宅小区
Rongyujiayuan Living District, Beijing

项目地点: 北京
设计时间: 2003 年
竣工时间: 2005 年
用地面积: 57400m²
建筑面积: 163000m²

北京紫金长安住宅小区（一期）
Beijing Zijinchang'an Living District

项目地点：北京
设计时间：2003 年
竣工时间：2005 年
用地面积：71648m²
建筑面积：20400m²

黑龙江省老干部活动中心
Veteran Center of Heilongjiang Province

项目地点：黑龙江 哈尔滨
设计时间：2003 年
竣工时间：2006 年
用地面积：27500m²
建筑面积：40000m²

中国国家软件进出口服务中心
China National Software Park Import and Export Services Center

项目地点：北京
设计时间：2004 年
竣工时间：2008 年
用地面积：36936m²
建筑面积：71969m²

北京大学南门区域教学科研综合楼
Teaching & Research Building,South Gate Region of Peking University

项目地点：北京
设计时间：2005 年始
竣工时间：2007 年始
用地面积：40299m²
建筑面积：75886m²

蒙元文化博物馆
Mongolia Culture Museum

项目地点：内蒙古 锡林浩特
设计时间：2005 年
竣工时间：2008 年
用地面积：82219m²
建筑面积：42888m²

兰州大学榆中校区图书馆
Liabrary of YuZhong District, Lanzhou University

项目地点：甘肃 兰州
设计时间：2003 年
竣工时间：2005 年
用地面积：18500m²
建筑面积：33000m²

河北省地质资料馆
Hebei Geological Museum

项目地点：河北 石家庄
设计时间：2004 年
竣工时间：2007 年
用地面积：4606m²
建筑面积：8523m²

北京大学留学生公寓
International Student Apartment of Peking University

项目地点：北京
设计时间：2004 年
竣工时间：2012 年
用地面积：35492m²
建筑面积：132700m²

广州大学城中山大学体育馆
Gymnasium of Zhongshan University

项目地点：广东 广州
设计时间：2005 年
竣工时间：2008 年
用地面积：15600m²
建筑面积：11665m²

金融街 F10 西大唐发电股份有限公司办公楼
Financial Street F10 Datang Building-West

项目地点：北京
设计时间：2006 年
竣工时间：2008 年
用地面积：3856m²
建筑面积：42072m²

中国青年政治学院图书实验楼
Laboratory Building of China University for Political Sciences

项目地点：北京
设计时间：2006 年
竣工时间：2009 年
用地面积：4419m²
建筑面积：29193m²

江西艺术中心
Jiangxi Art Center

项目地点：江西 南昌
设计时间：2006 年
竣工时间：2010 年
用地面积：78200m²
建筑面积：45510m²

北京大学科维理天体物理研究中心
Kavli Institute for Astronomy and Astrophysics, KIAA-PKU

项目地点：北京
设计时间：2007 年
竣工时间：2008 年
用地面积：1100m²
建筑面积：2943m²

青海科技馆
Qinghai Science and Technology Museum

项目地点：青海 西宁
设计时间：2007 年
竣工时间：2011 年
用地面积：36634m²
建筑面积：33179m²

马尔代夫 Nolhivaranfaru 岛救助住宅
Chinese Government Aided Maldives Tsunami Housing

项目地点：马尔代夫 Nolhivaranfaru 岛
设计时间：2008 年
竣工时间：2010 年
用地面积：22805m²
建筑面积：4447m²

青海大剧院
Qinghai Theater

项目地点：青海 西宁
设计时间：2008 年
竣工时间：2012 年
用地面积：36017m²
建筑面积：30506m²

西宁海湖新区中心区城市设计
the Urban Design of Core area of Haihu,Xining

项目地点：青海 西宁
设计时间：2008 年
用地面积：1154700m²
建筑面积：2768000m²

土默特左旗博物馆
Tumote Museum

项目地点：内蒙古 呼和浩特
设计时间：2009 年
竣工时间：2011 年
用地面积：19450m²
建筑面积：5704m²

北京大学人文大楼
the Literature/Philosophy/History Building of Peking University

项目地点：北京
设计时间：2009 年
竣工时间：2012 年
用地面积：24657m²
建筑面积：24645.4m²

兰州大学体育馆
Gymnasium of Lanzhou University

项目地点：甘肃 兰州
设计时间：2009 年
竣工时间：2014 年
用地面积：10401m²
建筑面积：14215m²

通辽市文化商贸区城市设计
Urban Planning of Cultural and Commercial District in Tongliao City

项目地点：内蒙古 通辽
设计时间：2009 年
用地面积：1981085m²
建筑面积：4975219m²

中办老干部局官园活动中心改造
Reconstruction of Guanyuan Veteran Center

项目地点：北京
设计时间：2010 年
竣工时间：2012 年
用地面积：1230m²
建筑面积：9556m²

西宁湟水河湿地公园景观建筑
HuangShui River Wetland Park, Management Center

项目地点：青海 西宁
设计时间：2010 年
竣工时间：2015 年
用地面积：75550m²
建筑面积：6297m²

东平体育馆
Stadium of Dongping

项目地点：山东 东平
设计时间：2011 年
竣工时间：2014 年
用地面积：58777m²
建筑面积：28593m²

黄河口大剧院
Dongying Theater

项目地点：山东 东营
设计时间：2011 年
竣工时间：2015 年
用地面积：294900m²
建筑面积：45094m²

北京九十四中机场分校综合教学楼
Comprehensive Teaching Building of Beijing ninety-four Middle School

项目地点：北京
设计时间：2010 年
竣工时间：2012 年
用地面积：2283m²
建筑面积：6200m²

广西南宁信合社办公楼
Highrise of Credit Cooperation Union, Nanning

项目地点：广西 南宁
设计时间：2010 年
竣工时间：2014 年
用地面积：19605m²
建筑面积：146947m²

兰州大学 2 号生物楼
Bio Building No.2 of Lanzhou University

项目地点：甘肃 兰州
设计时间：2011 年
竣工时间：2013 年
用地面积：12933m²
建筑面积：23520.9m²

济南奥体西苑项目（A 座）
Ji'nan Olympic Xiyuan A building project

项目地点：山东 济南
设计时间：2011 年
竣工时间：2014 年
用地面积：34531m²
建筑面积：99936m²

通辽市孝庄河景观规划
Planning of Tongliao Xiaozhuang River Bank Landscape

项目地点：内蒙古 通辽
设计时间：2011 年
竣工时间：在施
用地面积：728856m²
建筑面积：41623m²

北京西绒线胡同 12 号办公楼
West Rongxian Hutong No. 12 Office Buildings, Beijing

项目地点：**北京**
设计时间：**2012 年**
竣工时间：**2014 年**
用地面积：**3885m²**
建筑面积：**20140m²**

中北大学现代分析测试中心
Technology Building of North University of China

项目地点：**山西 太原**
设计时间：**2012 年**
竣工时间：**2016 年**
用地面积：**29551m²**
建筑面积：**41623.2m²**

泗洪县文化综合场馆
Schematic Design of Sihong Cultural Complex

项目地点：**江苏 泗洪**
设计时间：**2013 年**
竣工时间：**在施**
用地面积：**132627m²**
建筑面积：**57500m²**

北京大学肖家河教工住宅区
Xiaojiahe Living District

项目地点：**北京**
设计时间：**2013 年**
竣工时间：**在施**
用地面积：**302199.6m²**
建筑面积：**800225m²**

北京大学百周年纪念讲堂声场改造
Peking University Centennial Memorial Hall sound field transformation

项目地点：**北京**
设计时间：**2014 年**
竣工时间：**2015 年**

吉林省洮南市政务大楼
Complex Office Building of Taonan Government

项目地点：**吉林 洮南**
设计时间：**2012 年**
竣工时间：**2015 年**
用地面积：**16841m²**
建筑面积：**23727m²**

吉林省洮南市文化中心
Taonan Cultural Centre

项目地点：**吉林 洮南**
设计时间：**2013 年**
竣工时间：**2016 年**
用地面积：**18527m²**
建筑面积：**24993m²**

西宁市中心广场北扩安置项目
North Expansion Project Resettlement of Xining Central Square

项目地点：**青海 西宁**
设计时间：**2013 年**
竣工时间：**在施**
用地面积：**21071.2m²**
建筑面积：**269640.74m²**

北京大学国家发展研究院
National School of Development, Peking University

项目地点：**北京**
设计时间：**2013 年**
竣工时间：**在施**
用地面积：**16500m²**
建筑面积：**27230m²**

中国劳动关系学院综合教学楼
Complex Teaching Building of China Institute of Industrial relations

项目地点：**北京**
设计时间：**2014 年**
竣工时间：**在施**
用地面积：**4100m²**
建筑面积：**25411m²**

通辽大剧院
Tongliao Theater

项目地点：内蒙古 通辽
设计时间：2014 年
竣工时间：在施
用地面积：106000m²
建筑面积：54000m²

北大生物城扩建工程
Extended Project of Biology Base of Peking University

项目地点：北京
设计时间：2015 年
竣工时间：在施
用地面积：34531m²
建筑面积：142761m²

中国驻加纳大使馆
Embassy of the People's Republic of China in the Republic of Ghana

项目地点：加纳 安克拉
设计时间：2015 年
设计阶段：施工图设计
用地面积：9200m²
建筑面积：4883m²

兰州大学理工楼
Sciences and Engineering Building of Lanzhou University

项目地点：甘肃 兰州
设计时间：2016 年
设计阶段：施工图设计
用地面积：5023m²
建筑面积：28780m²

贵州民博园中国馆
Guizhou People 's Expo China Pavilion

项目地点：贵州 贵安新区
设计时间：2016 年
设计阶段：方案设计
用地面积：21000m²
建筑面积：15000m²

北京大学肖家河住宅区幼儿园
Xiaojiahe Living District (Kindergarten)

项目地点：北京
设计时间：2015 年
竣工时间：在施
用地面积：9565m²
建筑面积：9776m²

江阴港口公园生态馆
Jiangyin Green Port Theme Park

项目地点：江苏 江阴
设计时间：2015 年
设计阶段：方案深化
用地面积：29400m²
建筑面积：15588m²

北京大学肖家河住宅区托老所
Xiaojiahe Living District (Nursing Home)

项目地点：北京
设计时间：2016 年
竣工时间：在施
用地面积：2676m²
建筑面积：3903m²

广西崇水高速花山服务区
Guangxi Chongshui to Longzhou Expressway Huashan service area

项目地点：广西 花山
设计时间：2016 年
竣工时间：在施
用地面积：35013m²
建筑面积：2056m²

广西崇水高速龙州管理中心
Longzhou Management Center of Chongshui to Longzhou Section of Guangxi Expressway

项目地点：广西 龙州
设计时间：2016 年
竣工时间：在施
用地面积：33000m²
建筑面积：7886m²

项目合作团队

■ 广西融水整垛寨改建

建筑师：单德启、张祺、刘紫光

■ 文化部办公楼

建筑师：董雯、张祺、曹晓昕

■ 国家林业总局办公楼

建筑师：张祺、李维纳、肖婷

■ 北京大学百周年纪念讲堂

建筑师：张祺、邱涧冰、肖婷

声学：王丙麟

■ 北大之路厦门生物园

建筑师：张祺、丁哲、刘兵兵

■ 万寿路甲 15 号活动中心

建筑师：张祺、刘小玫、肖婷、马玉鹏

■ 河北大学博物馆

建筑师：张祺、林蕾等

■ 兰州大学榆中校区艺术楼

建筑师：张祺、林蕾、史秋实

■ 金融街 F10 东大唐集团办公楼

建筑师：张祺、林蕾、辛江莲、吴国庆

■ 北京融域嘉园住宅小区

建筑师：张祺、刘明军、魏红等

■ 北京紫金长安住宅小区（一期）

建筑师：张祺、刘明军、魏红等

■ 兰州大学榆中校区图书馆

建筑师：张祺、林蕾、辛江莲

■ 黑龙江省老干部活动中心

建筑师：张祺、王洵等

■ 河北省地质资料馆

建筑师：张祺、辛江莲、盛晔

■ 中国国家软件进出口服务中心

建筑师：张祺、刘明军、任浩、李静威、张小雷

■ 北京大学留学生公寓

建筑师：张祺、刘明军、班润、史秋实、魏辰、周宇、
李慧琴等

■ 北京大学南门区域教学科研综合楼

建筑师：张祺、刘明军、王媛、班润、胡斯、
王玮等

■ 广州大学城中山大学体育馆

建筑师：张祺、陆静、吴吉明

■ 蒙元文化博物馆

建筑师：张祺、苏童、王媛 、段晓莉、魏辰等

■ 金融街 F10 西大唐发电股份有限公司办公楼

建筑师：张祺、陆静、魏晨、杜滨、段晓莉

■ 中国青年政治学院图书实验楼

建筑师：张祺、于洁、魏辰、孟可、段晓莉

■ 江西艺术中心

建筑师：张祺、刘明军、张蓁、伊斗、辛江莲等

声学：燕翔、胡奇志

■ 北京大学科维理天体物理研究中心

建筑师：张祺、刘明军、倪斗、史秋实

■ 青海科技馆

建筑师：张祺、刘明军、张蓁、杨鸿霞、班润、
史秋实等

■ 马尔代夫 Nolhivaranfaru 岛救助住宅

建筑师：张祺、辛江莲等

■ 青海大剧院

建筑师：张祺、刘明军、宋菲、辛江莲、吴吉明等

声学：石慧斌、秦毅

■ 西宁海湖新区中心区城市设计

建筑师：张祺、史秋实、苏璋等

■ 土默特左旗博物馆

建筑师：张祺、杨鸿霞、孙宇

■ 北京大学人文大楼

建筑师：张祺、刘明军、班润、杨鸿霞、倪斗等

■ 兰州大学体育馆

建筑师：张祺、刘明军、班润、杨悦

■ 通辽市文化商贸区城市设计

建筑师：张祺、姚文博等

■ 北京九十四中机场分校综合教学楼

建筑师：张祺、刘明军、杨鸿霞、苏璋

■ 中办老干部局官园活动中心改造

建筑师：张祺、刘明军、王媛

■ 广西南宁信合社办公楼

建筑师：张祺、金磊等

■ 西宁湟水河湿地公园景观建筑

建筑师：张祺、刘明军、张蓁、王媛、史秋实、
胡莹

■ 兰州大学 2 号生物楼

建筑师：张祺、刘明军、张蓁

■ 东平体育馆

建筑师：张祺、刘明军、史秋实、胡斯、胡莹

■ 济南奥体西苑项目

建筑师：张祺、刘明军、班润、杨悦

■ 黄河口大剧院

建筑师：张祺、刘明军、宋菲、杨鸿霞

■ 通辽市孝庄河景观规划

建筑师：张祺、刘明军、张剑、胡斯等

■ 北京西绒线胡同 12 号办公楼

建筑师：张祺、刘明军、杨鸿霞、孙宇

■ 吉林省洮南市政务大楼

建筑师：张祺、刘明军、张蓁、金磊

■ 中北大学现代分析测试中心

建筑师：张祺、张蓁、金磊、杨悦

■ 吉林省洮南市文化中心

建筑师：张祺、刘明军、张蓁、杨曦

■ 泗洪县文化综合场馆

建筑师：张祺、刘明军、苏璋、吴凡、吴一凡

■ 西宁市中心广场北扩安置项目

建筑师：张祺、王媛、姚文博

■ 北京大学肖家河教工住宅区

建筑师：张祺、刘明军、杨鸿霞、宋菲、杨曦、胡斯、
李港、王瑗、杨悦、庄劢航等

■ 北京大学国家发展研究院

建筑师：张祺、刘明军、王媛、吴凡、王玮

■ 北京大学百周年纪念讲堂声场改造

建筑师：张祺、刘明军、杨悦、胡斯

声学：石慧斌、陈勇等

■ 中国劳动关系学院综合教学楼

建筑师：张祺、刘明军、王媛、王玮、苏璋

■ 通辽大剧院

建筑师：张祺、刘明军、宋菲、姚文博、张伟

■ 北京大学肖家河住宅区幼儿园

建筑师：张祺、刘明军、张蓁、李雯、陈冠锦

■ 北大生物城扩建工程

建筑师：张祺、刘明军、张蓁、孙振亚、张一闳、
陈冠锦、姚文博等

■ 江阴港口公园生态馆

建筑师：张祺、李雯、张一闳、吴一凡等

■ 中国驻加纳大使馆

建筑师：张祺、李雯、吴凡、苏璋等

■ 北京大学肖家河住宅区托老所

建筑师：张祺、刘明军、张蓁、陈冠锦、李雯

■ 兰州大学理工楼

建筑师：张祺、刘明军、班润、杨悦

■ 广西崇水高速花山服务区

建筑师：张祺、李雯、宋菲、张璐

■ 贵州民博园中国馆

建筑师：张祺、王玮、李雯

■ 广西崇水高速龙州管理中心

建筑师：张祺、李雯、杨悦、宋菲、张莹

图片索引

P033   图 1、3、4 出自网络

　　　　图 2、5 效果图

P034   出自网络

P035   出自网络

P036   出自网络

P038   出自网络

P039   出自网络

P040   图 1 出自：乔·科尼什，查理·韦特，戴维·沃德著．风光的境界．杭州：浙江出版联合集团，

　　　　浙江摄影出版社，2014：124．

　　　　图 2 出自网络

　　　　图 3 出自：（不丹）帕武著，赖梵耘译．看见神圣——旅途中的光影．北京：中国华侨出版社，2013:38．

P041   出自网络

P042   自摄，2017 年，广西左江花山

P043   图 1 张广源摄

　　　　图 2 出自网络

P044   出自网络

P045   图 1、2 出自网络

　　　　图 3 出自：亚历山大·卡坡蒂菲罗等编著，程伟民，徐文晓，徐嘉译．

　　　　文明奇迹．北京：中国大百科全书出版社，2013:207．

　　　　图 4 出自：亚历山大·卡坡蒂菲罗等编著，程伟民，徐文晓，徐嘉译．

　　　　文明奇迹．北京：中国大百科全书出版社，2013:184．

P046   图 1、3 出自网络

　　　　图 2 自摄，2015 年，北京大学

P047   出自网络

P094   图 1 出自：阙振清．再失一城——北京西北郊皇家园林集群、三山五园在城市化过程中的没落．

　　　　装饰，2007(11)．

　　　　图 2 自绘

　　　　图 3 出自中国国家图书馆样式雷图

P228   出自网络

P232   图 3 自摄

　　　　图 4 刘紫光摄

P235   自摄，1992 年，广西融水县安太乡整垛寨

图书在版编目（CIP）数据

此景·此情·此境——建筑创作思考与实践 / 张祺 著 .
—北京：中国建筑工业出版社，2017.6
ISBN 978-7-112-20834-0

Ⅰ.①此… Ⅱ.①张… Ⅲ.①建筑设计–研究 Ⅳ.① TU2

中国版本图书馆 CIP 数据核字 (2017) 第 126088 号

中国建筑设计院有限公司 / 主编

张祺 著

策　　划 / 张广源
美术编辑 / 田歆颖
建筑摄影 / 张广源
参编人员 / 李　雯　高竹青　张　璐
　　　　　张　莹　张一闳

责任编辑：徐晓飞　张　明
责任校对：王　烨　张　颖

此景·此情·此境
—— 建筑创作思考与实践

张　祺　著

*

中国建筑工业出版社出版、发行（北京海淀三里河路 9 号）
各地新华书店、建筑书店经销
北京雅昌艺术印刷有限公司制版
北京雅昌艺术印刷有限公司印制
*

开本：787×1092 毫米　1/16　印张：18¹/₂　字数：318 千字
2017 年 9 月第一版　2017 年 9 月第一次印刷
定价：188.00 元
ISBN 978-7-112-20834-0
　　　　　(30493)